聰明大百科
化學常識
有go讚
U0080865

讀品文化 事業有限公司

www.foreverbooks.com.tw

yungjiuh@ms45.hinet.net

資優生系列 34

聰明大百科：化學常識有GO讚！

編　　著　張育修
出 版 者　讀品文化事業有限公司
責任編輯　邱恩翔
封面設計　林鈺恆
美術編輯　王國卿

總 經 銷　永續圖書有限公司
TEL ／(02)86473663
FAX ／(02)86473660
劃撥帳號　18669219
地　　址　22103 新北市汐止區大同路三段 194 號 9 樓之 1
TEL ／(02)86473663
FAX ／(02)86473660
出 版 日　2019 年 02 月

法律顧問　方圓法律事務所　涂成樞律師
CVS 代理　美璟文化有限公司
TEL ／(02)27239968
FAX ／(02)27239668

國家圖書館出版品預行編目資料

聰明大百科：化學常識有GO讚！／張育修編著.
--初版. --新北市 ： 讀品文化, 民 108.02
面； 公分. -- （資優生系列：34）
ISBN 978-986-453-092-2 (平裝)
1. 化學　2.通俗作品
340　107022623

CONTENTS

「金屬元素」總動員——金屬元素

聞名金屬界的「軟骨頭」 011

怎麼撞都擦不出火花來的金屬 014

放在手裡怕化了的傢伙 017

假冒偽劣的銀子比金子都貴 020

瀝青渣裡的「金子」 022

誰是「鬼剃頭」的幕後黑手 025

從岩石裡跑出來的「鋰」 027

金屬也能冷脹熱縮 030

得「瘟疫」的銀器 032

鉀——淡紫色的火舌 035

陰差陽錯的發現 038

② 古怪與可怕的非金屬——非金屬元素

擒獲致命的「死亡元素」 043

是誰滅了恐龍霸主 046

第一個享用氧氣的老鼠 048

為什麼不可以呼吸氯氣 050

搬家搬出了禍 053

讓你情不自禁發笑的氣體 056

會呼吸的石頭，居然能著火 059

氦——太陽的元素 062

探究雄黃的發源地 065

溴——公山羊的惡臭 068

CONTENTS

讓你又愛又恨的「化學小大夫」——醫學的故事

誰治好了加斯泰斯居民的牙痛病 073

銀針試毒，妥當嗎 075

樹皮救了美洲殖民者 078

囚犯們的「腳氣病」 080

讓你藥到病除的神泉 082

舔舔就能治傷口 085

沒有痛苦的手術 087

不生病的葡萄 090

殺死細菌的祕方 094

奪人魂魄的「鬼谷」 097

④

化學也能變魔法——魔術與化學

連火都燒不壞的魔衣 101
火焰也能寫字！一切皆有可能 103
天降神火，揭開自燃之迷 106
天空變成綠色，絕非奇談 109
主宰雞蛋沉浮的咒語 111
以舊變新，讓古畫復活的傢伙 114
喝水不要錢的房子 117
鐵棒竟敢搶金子的飯碗 119
茶水變墨水 121
「豆漿」變清水 123
在那桃花盛開的地方 125
氯化銨——最佳防火能手 128

CONTENTS

從小就有智慧的眼睛——化學騙局

老財主的黃金夢 133

能燃燒的糖果 136

守財奴被騙了 139

白紙變成鴛鴦圖！是誰在搗鬼 142

冷冷相遇，變成熱 145

燃燒吧！冰塊 147

靈犀一指，蠟燭滅而復燃 150

恐怖時刻——布娃娃竟然流血了 152

鬼火現身？荒野中「綠眼睛」 155

⑥ 吃喝中的「生活大爆炸」——飲食的故事

水果也早熟！你還敢吃嗎？ 159

別誤解它，糖精不是糖 161

一個饅頭引發的疑問 163

「流淚」的鹹鴨蛋最值錢 165

喝得飄飄欲仙的「醉魚」 167

讓柿子向「澀」說拜拜 169

菠菜帶來的禍害 172

紅燒肉裡的「化學味」 174

廚房裡的「催淚彈」 177

跟你玩捉迷藏的酒 180

葡萄酒瞬間變成醋酸——都是粉末作的怪 .. 182

小藥劑師的失誤 185

啤酒噴泉——都是二氧化碳與麥芽搞的鬼 .. 188

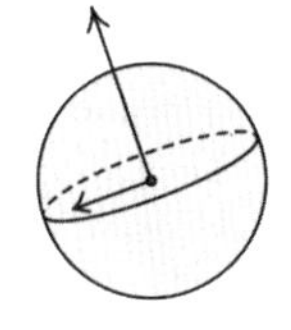

「金屬元素」總動員：金屬元素

聞名金屬界的「軟骨頭」

在我們的印象裡，金屬一般都是「硬骨頭」，但有一種金屬卻是出了名的軟骨頭，用小刀就可毫不費力地將它切開！

19世紀60年代，德國的一位化學家羅伯特・威廉・本生和另一位物理學家基爾霍夫，二人互幫互助，密切配合發明了觀察光譜的儀器——分光鏡。從此，化學家就像練就了火眼金睛，躲在礦物中的元素紛紛現出了原形，銫就是利用光譜分析法從礦泉水中捕獲的。

有一天，本生在觀察剛採到的一瓶杜爾漢礦泉水，把它燒開、蒸發後，再濃縮，放到分光鏡裡一照，他看到了鈉、鉀、鋰、鍶等許多熟悉的光譜，同時，還意外地發現了兩條從未見過的天藍色的光譜線。

這是什麼物質發出的光譜線呢？他想來想去，就是想不

出、辨不清，最後只好把自己和基爾霍夫畫的那本彩色光譜圖表拿出來，認真地對照起來，可是，圖表上沒有這種譜線的記載……本生怕搞錯了，把實驗又做了一遍，並與圖表再次核實，才充滿信心地說：「沒錯，我又發現了一種新元素！」本生將它取名為「銫」。在拉丁文中，銫就是天藍色的意思。

也許是巧合，銫的用途也和宇宙有關係，人們為了探索宇宙，必須有一種嶄新的、飛行速度極快的交通工具。一般的火箭、飛船都達不到這樣的速度，只有每小時能飛行十幾萬公里的「離子火箭」才能滿足要求。

而銫原子因為最外層電子極不穩定，很容易被激發放射出來，變成為帶正電的銫離子，所以它是宇宙航行離子火箭發動機理想的「燃料」。

科學家計算表明，用這種銫離子作宇宙火箭的推進劑，單位重量產生的推力要比現在使用的液體或固體燃料高出上百倍。這種銫離子火箭可以在宇宙太空遨遊一兩年甚至更久。

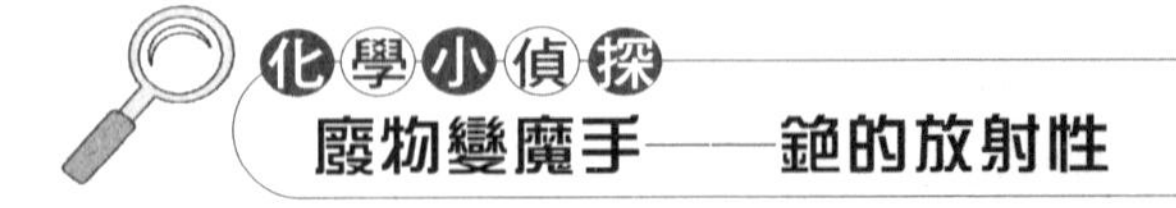

據外電報導，多年前，在巴西的大城市戈亞納，發生過一起導致放射性事故的安全破壞活動，一家私人放射治療研

究所喬遷，將銫-137遠距治療裝置留在原地。

後來，房屋被部分破壞，銫-137源變得不安全。兩個清潔工進入該建築，不知道這是個什麼裝置，以為它有廢物價值，就將元件從機器的輻射頭上拆下來。

他們把這個元件帶回家，並試著拆卸，不料源盒破裂了，結果產生環境污染。

這次事件，造成了14人受到過度照射，4人4週內死亡。約有112000人要接受監測污染。數百間房屋不得不受到監測，並發現85間已經被污染，數百人不得不被疏散，整個去汙活動產生5000立方米放射性廢物，這個廢物顯然已經變成了污染環境，危害人們生命安全的魔手了。

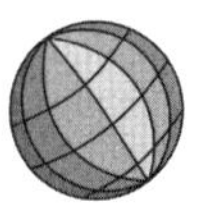

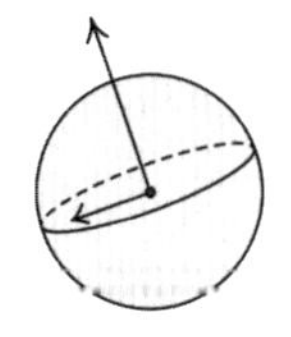

怎麼撞都擦不出火花來的金屬

羅馬皇帝涅龍是一個殘忍的暴君，他有一種嗜好，就是透過「鏡子」觀看角鬥士的拚死搏鬥。

這天，涅龍又像平常一樣，放出兩個餓了三天的角鬥士，讓他們互相廝殺。涅龍又拿起他最喜歡的特大綠寶石，透過綠寶石觀看血腥的搏鬥，看到有人倒地身亡時，他竟然拍手稱好。

涅龍不但是位暴君，還是個昏君。有一次，羅馬城起大火，涅龍卻悠閒地透過他那獨特的透鏡，欣賞橙黃色的火苗舔食人畜房屋的情景。

後來，許多科學家開始研究這種綠寶石，看它究竟有何神奇魔力，令暴君涅龍愛不釋手。直到1789年，法國化學家沃克蘭才發現了綠寶石中有一種新元素——鈹。

一般情況下，金屬與金屬相互碰撞時，不但有聲響，還會冒出火花來。所以，在加油站、煤氣站以及運輸易燃易爆物品時，儘量不使用金屬物品，以免發生碰撞，冒出火花，造成危險。

鈹與銅和鎳的合金在與石頭或其他金屬撞擊時，不會迸出火花。人們利用這種鈹合金與眾不同的性質，製成了專門用於礦井、炸藥工廠、石油基地等易爆區使用的錘子、鑿子、刀鏟等工具，為減少爆炸事故和火災做出了貢獻。

化學小偵探 給原子鍋爐建造「住房」

你相信嗎？鈹為原子鍋爐建造了「住房」。事實上，在最開始時，鈹在眾多元素中，仍是一個默默無名的「小人物」，受不到人們的重視。但後來，鈹的「命運」才大為好轉，一時成了科學家們的搶手貨。

在無煤的鍋爐——原子反應堆裡，為了從原子核裡解放出大量的能量，需要用極大的力量去轟擊原子核，使原子核發生分裂。

這個用來轟擊原子核的「炮彈」叫中子，而鈹正是一種效率很高的能夠提供大量中子炮彈的「中子源」。

這還不算，為了防止中子跑出反應堆，反應堆的周圍需要設置「警戒線」——中子反射體，用來勒令那些企圖「越境」的中子返回反應區。這樣，一方面可以防止看不見的射線傷害人體健康，保護工作人員的安全；另一方面又能減少中子逃跑的數量，維持核裂變的順利進行。

此外，鈹的氧化物比重小，硬度大，熔點高達攝氏2450度，而且能夠像鏡子反射光線那樣把中子反射回去，正是建造原子鍋爐「住房」的好材料。

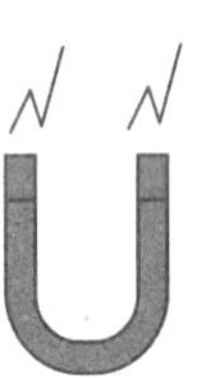

放在手裡怕化了的傢伙

伍爾茲院士在巴黎科學院召開的例會上宣佈：三天前，他的學生布瓦博多朗在某種閃鋅礦中發現了一種新元素，並建議將這種元素命名為鎵，以紀念法國（法國的古稱為「家里亞」）。

鎵被發現的消息被宣佈後不久，布瓦博多朗就收到了一封來自俄羅斯的信，信中這樣寫道：「尊敬的布瓦博多朗先生，您所說的鎵就是我四年前預言的『類鋁』，它的比重（現稱密度）應為5.9左右，而不是您所說的4.70，請您再測一下吧……」信尾的署名是：德米特里‧伊凡諾維奇‧門捷列夫。

太有意思了，一位世界上唯一擁有金屬稼的科學家在巴黎實驗室中借助精確的測量和實驗，測得了它的比重，而另一位從未見過鎵元素的科學家卻在千里之外彼得堡的書房中

說他測錯了！

布瓦博多朗將信將疑地在實驗室重測了鎵的比重（密度），結果，果然是自己測錯了，鎵的比重（密度）是5.94！

布瓦博多朗對門捷列夫佩服得五體投地，他想到的第一件事就是立即給門捷列夫寄了一張自己的照片，背面寫上：謹向我的朋友門捷列夫伯爵致以誠摯的敬意和熱情的祝願。

鎵在常溫下看上去像一塊錫，如果你想把它放在手心裡，它馬上就熔化了，成為銀亮的小珠。原來鎵的熔點很低，只有29.76℃。鎵的熔點雖然很低，可是沸點卻非常高，竟高達2204℃。因此，人們就利用鎵的這個特性來製造測量高溫的溫度計。

把這種溫度計伸進爐火熊熊的煉鋼爐中，玻璃外殼都快熔化了，裡邊的鎵還沒有沸騰，如果用耐高溫的石英玻璃來製造鎵溫度計的外殼，它能夠一直測到1500℃的高溫。所以，人們常用這種溫度計來測量反應爐、原子反應堆的溫度。

化學小偵探
與高科技的不解之緣

如果鎵同玻璃合作，就會有增強玻璃折射率的效能，可以用來製造特種光學玻璃。因為鎵對光的反射能力特別強，同時又能很好地附著在玻璃上，進而形成「鎵鏡」。鎵鏡能把70％以上射來的光都反射出去，因此很適宜做反光鏡。

另外，鎵的一些化合物，如今與尖端科學技術結下了不解之緣。砷化鎵是近年來新發現的一種半導體材料，性能優良，用它作為電子元件，可以使電子設備的體積大為縮小，實現微型化。

人們還用砷化鎵做元件製成了雷射器，這是一種效率高、體積小的新型雷射器。此外，鎵和磷的化合物——磷化鎵是一種半導體發光元件，能夠射出紅光或綠光，人們把它做成了各種阿拉伯數字形狀，在電子電腦中，就利用它來顯示計算結果。

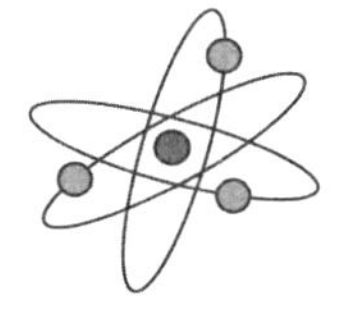
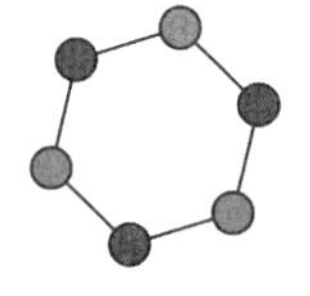

假冒僞劣的銀子比金子都貴

古時候，在加勒比海上，經常有船隻載著金銀珠寶來來往往。有一天，一支遠洋的船隊發現了「劣質銀」——一種銀白色的銀子。

此時，奸商們為了獲取更多的利益，悄悄地把這些「劣質銀」帶回了本土，並且以廉價出售給珠寶商。

一些珠寶商為了賺更多的錢，不在乎這是「劣質銀」，便請工匠們把「劣質銀」摻進了黃金中，有的乾脆仿造成金幣在市場上流通起來，嚴重地影響了當地的經濟秩序。

當地官員將此情況稟報國王後，國王大怒，便下令把全國所有的「劣質銀」倒進大海，私藏者一律問斬。各官員接到指令後，便把收繳的大量「劣質銀」倒進了洶湧的大海中。

原來，那時人們還不知道這「劣質銀」到底是一種什麼物質。直到後來英國的勃朗呂克博士費了好大工夫對「劣質銀」進行研究探索，才發現它並不是什麼劣質的銀子，而是一種新物質——鉑，我們俗稱為「白金」，現在，它比金子還貴重，更是最好的裝飾品之一呢。

化學小偵探
風行歐洲多年的鉑絲酒精燈

1820年，英國化學家大衛做了這樣一個實驗：先用酒精把鉑絲潤濕，然後點燃。他發現，這時酒精燃燒得特別劇烈，能使鉑絲溫度達到熾熱程度，發出很亮的光來。於是，大衛做了一種鉑絲酒精燈，用它來照明。這燈在歐洲風行了許多年。

鉑絲之所以熾熱，是因為鉑可以對酒精氧化起催化作用，使它在自己表面燃燒得更激烈。人們利用鉑的這種性質，還製成了一種玩具打火機：它是在酒精容器的蓋子裡，裝上一支細鉑絲。只要打開瓶蓋並把鉑絲放在瓶口，酒精就在鉑絲表面與氧氣反應。稍過一會兒，反應所放的熱就把酒精蒸氣點燃了，進而成為一種不點自燃的「自來火」。

瀝青渣裡的「金子」

1896年，法國科學家貝克勒爾發現了具有天然放射性的元素——鈾。居禮夫人被這一發現所吸引，她開始對天然放射性元素作進一步探討。

著了迷似的居禮夫人，整天把自己關在實驗室裡拼命地研究著。在對含鈾量較高的瀝青礦物的研究中，居禮夫人吃驚地發現在瀝青礦物中還有一種比鈾和釷的發射性強度大得多的未知元素——釙。1898年12月26日，居禮夫人再次宣佈一種新的元素——鐳。

「怎麼讓我們相信妳的發現呢？請把新元素給我們看看！」注重實際的科學家們向居禮夫人提出了似乎並不苛刻的要求。可是，要提取純鐳極為困難，因為新元素含量極其微小，即使在放射性最強的瀝青鈾礦中，鐳的含量也大約只有礦石總量的百萬分之一。多麼微乎其微的百萬分之一！要從瀝青礦石中提取鐳，無異於大海撈針。但百折不撓的居禮夫人沒有被困難所嚇倒。

時間一天一天過去了，居禮夫人在熱氣騰騰的小屋裡一鍋一鍋地煮著瀝青，朋友們都打趣地說她在瀝青渣裡找金子呢。

終於在一個漆黑的夜裡，破舊的小木棚中，在黑暗的角落裡，試管裡一粒小得可憐的鐳，正閃爍著淡藍色的螢光。

居禮夫人忘情地注視著，就像慈祥的媽媽在凝視著自己的初生兒。幸福的淚水，順著她的面龐流了下來。

在鐳被發現不久後，便引起了製造商們的注意，很快，市場上就流行了夜光手錶。只要在硫化鋅中加入少許硫酸鐳，便可以讓物體發出綠色的光。這是因為鐳釋放出的高能量α粒子會將硫化鋅中的電子提升到一個高能量的狀態，當這些電子恢復原狀時，就會以光的形式釋放它們所吸收的能量。

20世紀的70年代，美國雷霆錶盤公司在伊利諾州的渥太華建立了工廠，在那裡工作的大都是一些衝著高工資而去的年輕女孩，人們把她們叫做「鐳女郎」。然而，她們不知道，災難正在一步一步的走向自己。

之後，有些女孩的身體開始出現不適，但是沒有人當一回事。直到一個25歲的女子離奇死亡後，人們才開始進行調查，發現是鐳導致的。

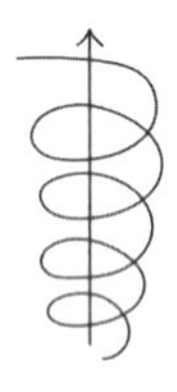

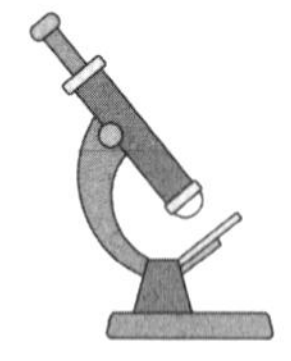

誰是「鬼剃頭」的幕後黑手

《西遊記》中，有個荒唐的國王做了個荒唐的夢，於是開始屠殺和尚，這些正巧被孫悟空師徒遇到，孫悟空為了懲罰國王，半夜化作飛蛾，將國王及其愛妃、皇子、大臣的頭髮都剃光了。

一夜之間沒了頭髮，這是孫悟空搞的鬼，但有一個村子裡的村民卻也被「剃頭」了！

中國南方某省的一個名叫回龍村的山寨中曾發生了這樣一件怪事：全寨老少村民的頭髮相繼脫落，原因不明。有人便認為這是由於寨子裡的人觸犯了陰間，毀壞了寨子的風水，於是山寨頭人帶領寨子裡的人開始殺豬宰羊，供奉閻王，讓閻王開恩，不計前嫌。並稱這種現象為「鬼剃頭」。

「鬼剃頭」弄得村裡寨外人心惶惶，後來，隨著科學的發展，終於揭穿了「鬼剃頭」的真相。

原來「鬼剃頭」是鉈搞的鬼。金屬鉈是一種比鉛略輕的金屬，在自然界中沒有獨立的礦藏，製取鉈的主要原料是煅燒某些金屬硫化物礦石後產生的灰。

如果人體攝入過量的鉈，就會妨礙毛囊中角質蛋白的形成而引起毛髮脫落，嚴重時甚至會昏迷。

化學小偵探
鉈——剛發芽的嫩枝

1861年，英國化學家和物理學家克魯克斯在分析一種從硫酸廠送來的殘渣時，先將其中的硒化物分離掉，然後用分光鏡檢視殘渣的光譜，發現在光譜中的亮黃譜線，有兩條是從來沒有見到過的，帶有新綠色彩。他斷定這種殘渣中必定含有一種新元素，並把它命名為「鉈」，拉丁文意思為「剛發芽的嫩枝」即綠色。

第二年，法國化學家拉密從硫酸廠燃燒黃鐵礦的煙塵中分離了黃色的三氯化鉈，他用電解法從中分離出了金屬鉈。

從岩石裡跑出來的「鋰」

鋰希臘文意為「石頭」，為何取這樣一個名字呢？其實原因很簡單，因為他是從岩石裡跑出來的！

1817年，瑞典人阿弗事聰在分析鋰礦石時發現了鋰元素，但對於它的發現過程，卻是眾說不一，它到底是怎樣被發現的呢？

阿弗事聰有一段時間感到特別迷茫，不知道自己該做些什麼，有一天他將自己的狀況告訴了教授，教授對他說：「實驗室裡有一種從攸桃島採集來的礦石，這種礦石到目前為止，還沒有人專門研究過它的組成成分，你就研究它吧！」接下來，阿弗事聰便對這塊礦石的化學構成，用化學方式進行了分析。

他在分析礦石時發現，這塊礦石是由氧化矽和氧化鋁組成的。但同時發現：這幾種元素的含量為97%，和整塊礦石的總重量相差3%。也就是說，礦石的組成成分總重量為97%，缺少3%。

「這是怎麼回事呢？」阿弗事聰覺得很奇怪。

他又進行了幾次分析，結果一再表明氧化矽、氧化鋁的含量確實與礦石的總重量不相符合，誤差仍為3%。

「這究竟為什麼？」阿弗事聰非常納悶。

為了弄清這個問題，阿弗事聰又進行了深入的的研究。他發現，剩下的3%的元素，它的特性和鉀、鈉、鎂非常相似。

於是，他繼續研究，但結果並非如此。

阿弗事聰感到非常困惑。經過一番仔細的思考之後，他忽然想到：「難道這種礦石中含有某種未知的新元素，沒能被分析出來？」阿弗事聰高興得眉飛色舞。

於是，他立即把實驗分析的情況向教授做了報告，教授對他非常支持，要他再接再厲，並給予他幫助。經過一段時間的實驗探討後，師生倆高興地大喊「這是新元素」。

他們把這種新元素叫做「鋰」，希臘文是「岩石」的意思，因為鋰是從鋰礦石裡發現的。

化學小偵探 鋰離子——安定情緒的好幫手

鋰離子（Li^{+}）是一種情緒安定劑，被廣泛用於躁鬱症（一種躁狂和抑鬱狀態反覆出現的疾病）的治療上。用於抑鬱症時，鋰也可增強其他抗抑鬱藥物的效果。

由於鋰有著情緒安定的功效，它也成為一個符號，受到流行文化的追捧。許多歌曲都與鋰相關，例如Evanescence的《Lithium》、Nirvana的《Lithium》、JamesMorrison的《Lithium》、Sting的《LithiumSunset》、Sirenia的《LithiumandaLover》、BeneaththeMassacre的《LithiumOverdose》等等。不過，鋰本身有較大的副作用，請務必遵守醫囑使用，切不可盲目跟風。

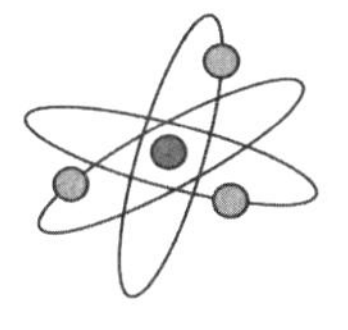

金屬也能冷脹熱縮

金屬的通性是熱脹冷縮，可是有一種金屬卻與眾不同，它不僅不熱脹冷縮，反而冷脹熱縮，這又是什麼金屬呢？銻和鉍都是冷脹熱縮的金屬，關於這兩種金屬又有什麼故事呢？

十五世紀，歐洲的一些煉金士開始用銻的化合物煉「長生不老藥」。據說，在古代西方國家的僧侶中，有許多曾經患上了癩病。僧侶們為此十分苦惱，可是又毫無辦法。有一天，一位傳教士遇到了患上癩病的僧侶，讓他使用輝銻礦的礦石來治療。這位僧侶使用後，確有些效果，便一傳十，十傳百使用開來。可是，這種「藥」並不能徹底根除癩病，僧侶們只好長期服用。

由於僧侶們長期服用銻礦石的礦物質後，體內的銻越積越多，造成了銻中毒，不但沒有把病治好，病情往往會加重，有的還送了性命。直到17世紀，德國人邵爾德才發現了銻這種金屬。

而鉍則是在18世紀被確定為一種金屬。當時，法國化學家埃洛在英國的康瓦爾發現，當地的熔煉工人將一種金屬加到錫中一起熔化後，錫就變硬了。隨後他用吹管從輝鉍礦中還原出了一小粒金屬鉍，但他並沒有弄清這是一種什麼金屬。不久，英國的分析化學家赫弗里仔細研究了這種金屬後，才確認它是一種新金屬，並且寫了《鉍的化學分析》一書，正式向化學界宣佈鉍是一種獨立的新金屬。

銻和鉍在自然界多存在於輝銻礦和輝鉍礦中，只要把這兩種礦石在空氣中焙燒，就能生成白色的氧化銻和黃色的氧化鉍。再將這兩種氧化物與木炭一起焙燒，就能得到金屬銻和鉍。

但由於金屬銻和鉍質地柔軟，與鉛和錫十分相似，所以長期以來，古代各國的人們都將它們誤認為鉛或錫。

得「瘟疫」的銀器

在家裡收藏古董的人都知道，古董放在櫥櫃裡，一般是不會變色的，可有一位商人的古董卻變黑了，這個事件並非虛構，事實上確有此事。

馬提尼島在拉丁美洲的加勒比海，在這個島上有一個商人，他對古董情有獨鍾。有一天，他像往常一樣，來到櫥窗前察看自己精心收藏的一批古董，並無意間發現一件精緻的銀壺上有一層黑影，像抹了層淡淡的灰。他趕緊找來抹布，想把它擦乾淨，但是，無濟於事……

臨出門前，這位商人還特別叮嚀管家，一定要想辦法把那件銀壺弄乾淨。

十幾天以後，商人又回到了島上，發現銀壺上的黑影根本沒有擦去，便滿腔怒氣地向管家發火，並斥責管家偷懶。管家滿臉委屈地說：「我已經想了許多辦法，仍然無法恢復如初。不僅如此，島上其他銀器也變黑了，像得了什麼瘟疫似的。」

沒過幾天，更奇怪的事又發生了，商人剛帶回來的一批銀器也變得黑糊糊的。商人見了，驚得目瞪口呆，卻不知道這是為什麼。直至有一天，馬提尼島火山爆發，空氣中充滿著難聞的硫黃味兒。商人才恍然大悟：這銀器變黑一定與空氣中的硫化物有關！會和銀發生化學反應，生成黑色的硫化銀Ag+S=AgS。

事實果真如此：火山爆發前，空氣中已經有二氧化硫、硫化氫等氣體在瀰漫，只是人的嗅覺不那麼靈敏，沒有嗅出來而已。

硫與銀，這兩種元素就是這麼怪，不知不覺地湊在一起，搞了一場不大不小的鬧劇。

化學小偵探
變黑的銀飾

我們平時帶的銀首飾也會變黑。銀飾變黑是正常的自然現象，因空氣和其他自然介質中的硫和氧化物等對銀都有一定的腐蝕作用，在佩戴一段時間後，就會出現一些微小的斑點（硫化銀膜），久之會擴散成片，甚至變成黑色，所以，目前銀飾都有一些因氧化而變色現象。

以下介紹一些關於保養和去除銀飾表面氧化物、恢復銀飾亮澤的方法：

1. 避免銀飾接觸水汽和化學製品，避免戴著游泳，尤其是去海裡。

2. 將銀飾用棉布拭淨，放到首飾盒或袋子裡密封保存。

3. 銀飾已經氧化變黑了，可以用軟毛刷子沾牙膏刷洗，也可用手搓香皂或清潔劑等方式清洗，實在無法處理乾淨時才用洗銀水擦洗，洗完後銀飾均要用棉布擦乾。

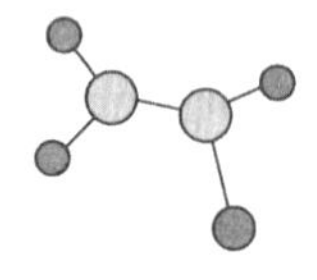

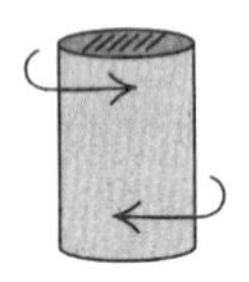

鉀——淡紫色的火舌

有一種小珠子，一放到水裡，不但不下沉，還會在水面上亂竄，而且還發出銀白色的亮光，是不是很神奇！

1807年，大衛與助手艾德蒙製作了一個龐大的電池組。大衛想，既然電解水能生成氫和氧，那麼電解別的物質也會生成新的元素，於是他開始拿苛性鉀做試驗，希望隱藏在苛性鉀中的物質經不住它的作用跑出來。

他們起先試圖電解苛性鉀飽和溶液，但失敗了，因為結果與電解水沒有什麼區別。

「難道苛性鉀真的不能分解？是方法不對嗎？」大衛疑惑地想著。

後來他們改變了實驗方法，將苛性鉀先在空氣中暴露數分鐘，使它表面略微潮解，成為導電體，然後放置在一個絕緣的白金盤上，讓電池的陰極與白金相連接，作為陽極的導線則插入潮濕的苛性鉀中。

奇蹟出現了，電流接通後，苛性鉀在電流的作用下先熔化，後分解，接著在陰極上出現了水銀滴般的顆粒。它們像水銀柱一樣帶著銀白色的光澤，可一滾出來，就「啪」的一聲炸開了，並呈現出美麗的淡紫色火舌。

大衛看到那望眼欲穿的小金屬珠出現時，難以抑制歡喜之情，盡情地跳起舞來了，任憑實驗室架子上的玻璃器皿被撞得粉碎。

他好半天才平靜下來，拿起桌上的鵝毛筆，寫下了實驗記錄，並在空白處寫下七個大字：「一個出色的實驗！」

後來，大衛又對實驗過程中產生的這種金屬進行了分析，確認這是一種新的金屬，並將其命名為「鉀」。

化學小偵探
大衛的貢獻

英國化學家大衛出生於1778年12月17日，父親是個木刻匠。16歲那年，父親因病去世，大衛只好到鎮上一位名叫波拉斯的醫生那裡當學徒，負責配藥和包紮。

20歲那年，大衛因出色的實驗能力被牛津大學的化學教授貝多斯看中，調到了新成立的氣體實驗室。大衛用電解法發現了鉀之後，又對蘇打進行電解，得到了柔軟如蠟的新金屬——鈉。他還從鹼性礦土裡相繼發現了四種新的金屬：鈣、鎂、鍶、鋇。

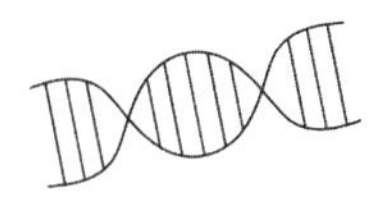

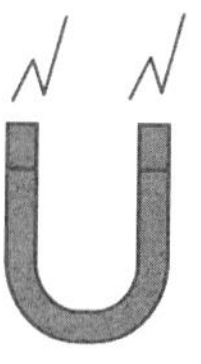

陰差陽錯的發現

「有心栽花花不開，無心插柳柳成蔭」，相信大家都會這兩句詩。事實上，在生活中，我們經常無意中就能得到不曾想過的東西。在化學界，有一種化學元素也是陰差陽錯的無意所得。這種元素就是鎘，鎘是在一場藥物檢驗的糾紛中發現的。

德國革丁根大學教授斯特羅邁厄曾是藥品視察專員。有一次在視察藥品時，教授發現有些藥商用碳酸鋅代替氧化鋅配藥，按當時的法律規定，這是不允許的。斯特羅邁厄一方面需對藥廠這一做法進行干預，另一方面又對藥廠的這一行為感到奇怪，因為將碳酸鋅焙燒成氧化鋅並不困難。

在詢問了藥廠負責人後，斯特羅邁厄明白了其中的原因：原來該廠的碳酸鋅一經煅燒即成黃色，繼而又變成橘紅色，這種氧化鋅當然是不合格的，所以藥廠只能用白色的碳酸鋅代替氧化鋅。

瞭解了其中的原因後，斯特羅邁厄便取了一些樣品，請馬格得堡州的醫藥顧問羅洛夫幫助檢驗。羅洛夫將斯特羅邁厄送來的樣品溶解，然後通入硫化氫氣體，結果析出了神祕的鮮黃色沉澱。他懷疑藥廠的碳酸鋅產品中含有劇毒物質硫化砷。

這樣一來，藥廠的碳酸鋅產品全被沒收充公，工廠被停業，這使得該廠廠主十分緊張，無奈之下，只得向斯特羅邁厄求救。

斯特羅邁厄在革丁根大學的實驗室中對產品進行了與羅洛夫相同的處理後，果然得到了一種黃色沉澱。他試著用鹽酸來處理這種黃色沉澱，結果發現沉澱溶解了，而硫化砷是不應該溶於鹽酸的，於是斯特羅邁厄隨即對沉澱進行處理，他將沉澱焙燒成氧化物，得到了一種褐色粉末。

斯特羅邁厄又將這種氧化物與煙炱混合，並放在曲頸瓶中加熱，最後得到了一種從未見過的藍灰色粉末。經過周密的實驗，斯特羅邁厄確認這是一種新元素，便將這種新元素命名為鎘。

斯特羅邁厄不僅為藥廠正名，使其免受不白之冤，而且還意外地發現了一種新元素，可謂一舉兩得。

化學小偵探 被發現晚的原因

鎘與它的同族元素汞和鋅相比，被發現得晚的多。它在地殼中含量比汞還多一些，但是汞一經出現就以強烈的金屬光澤、較大的比重、特殊的流動性和能夠溶解多種金屬的姿態吸引了人們的注意。

鎘在地殼中的含量比鋅少得多，常常以少量包含於鋅礦中，很少單獨成礦。金屬鎘比鋅更易揮發，因此在用高溫煉鋅時，它比鋅更早逸出，逃避了人們的覺察。這就註定了鎘不可能先於鋅而被人們發現。

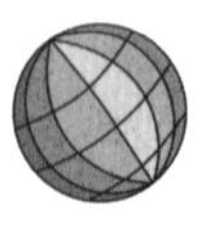

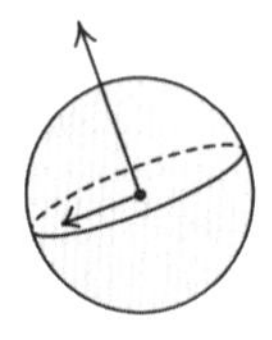

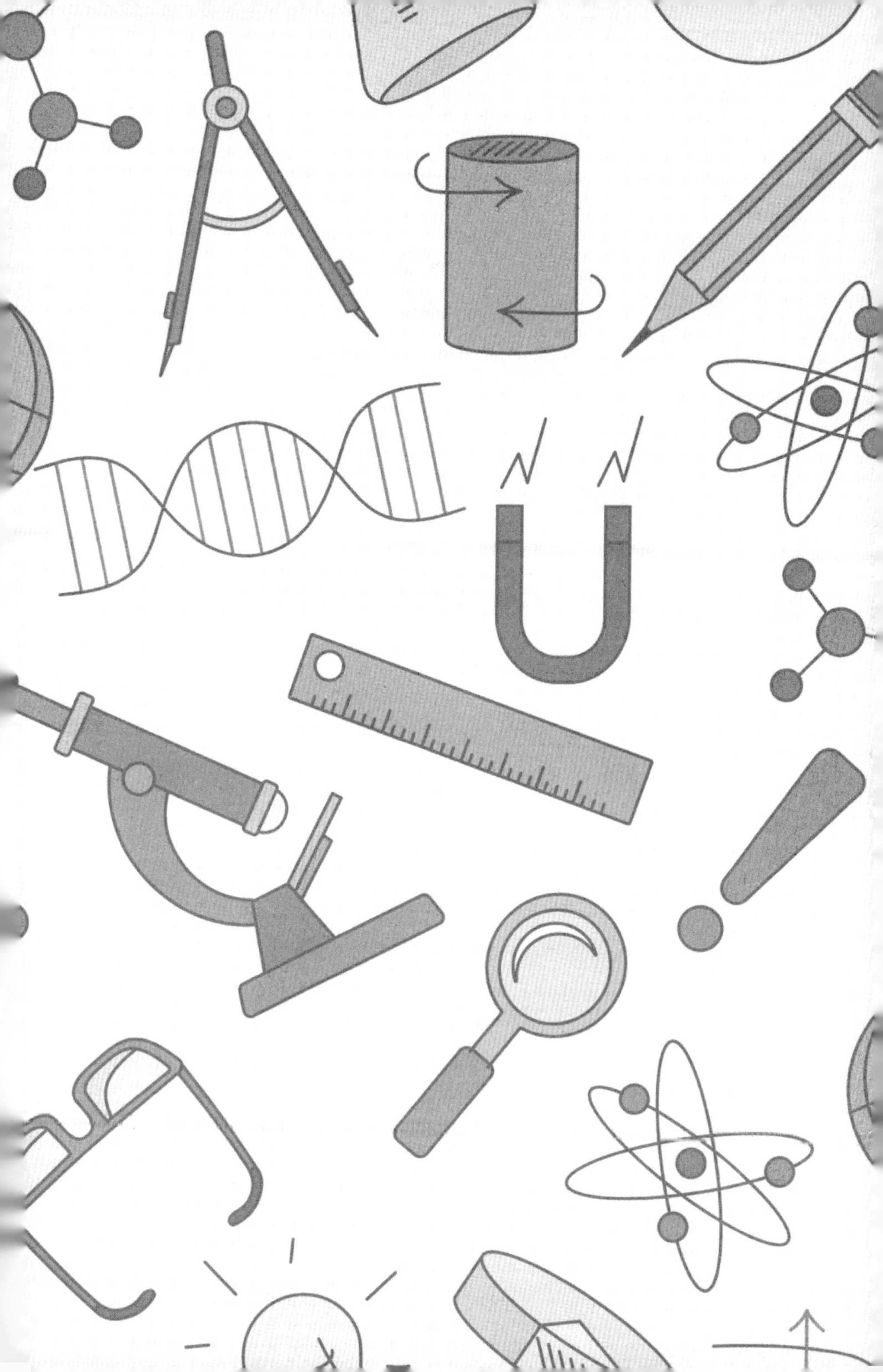

古怪與可怕的非金屬：非金屬元素

擒獲致命的「死亡元素」

氟在被發現前被認為是一種「死亡元素」，是碰不得的。

氫氟酸是氟化氫氣體的水溶液，它具有很強的腐蝕性，玻璃、銅、鐵等常見的物質都會被它「吃」掉，即使很不活潑的銀容器，也不能安全地盛放它。此外，氫氟酸還能揮發出大量的氟化氫氣體，這種氣體有劇毒，即使吸入少量，也會令其感到非常的痛苦。

許多化學家試圖從氫氟酸中剃出單質氟來，但都因在實驗中吸入過量氟化氫氣體而死，於是被迫放棄了實驗。然而有一個化學家就成功的擒獲了這個「死亡元素」。下面就讓我們來看一下他是怎麼做到的。

1872年，莫瓦桑應弗雷米教授的邀請，來到了實驗室和他共同研究化學。那時，教授正在研究氟化物，莫瓦桑當上

他的學生後，就接過了這一化學界的難題。從此，莫瓦桑對氟的提取以及過去曾經發生的曲折，有了深刻的認識。莫瓦桑對老師這種大無畏的精神非常敬佩。

「為了感謝恩師的知遇之恩，一定要捕捉死亡元素。」莫瓦桑對自己說。

於是，莫瓦桑開始查閱各種學術著作、科學文獻，把與氟有關的著作通通讀了一遍。經過大量的研究試驗，莫瓦桑得出一個結論：實驗失敗的原因可能是進行實驗時的溫度太高。

莫瓦桑認為，反應應該在室溫或冷卻的條件下進行。因此，電解成了唯一可行的方法。於是，他設計了一整套抑制氟劇烈反應的辦法。他在鉑製的曲頸瓶中，製得氟化氫的無水試劑，再在其中加入氟化鉀增強它的導電性能。

然後，他以鉑銥的合金為電極，用氯仿作冷卻劑，並設計了一個實驗流程，讓無水氟化氫、氯仿以及螢石塞子作主要部分，把實驗放在零下23攝氏度的狀況下電解，終於在1886年製得了單質氟，擒獲了「死亡元素」。

化學小偵探

怪事！牙齒也長斑

在1916年時，美國科羅拉多州一個地區的居民都得了一種怪病，無論男女老幼，牙齒上都有許多斑點，當時人們把這種病叫做「斑狀釉齒病」，現在人們一般都把它稱作「齲齒」。

原來，這裡的水源中缺氟，而氟是人體必需的微量元素，它能使人體形成強硬的骨骼並預防齲齒。

當地的居民由於長期飲用這種缺氟的水，因而對齲齒的抵抗力下降，全都患了病。這是因為：我們每天吃的食物，都屬於多糖類。吃完飯後如果不刷牙，就會有一些食物殘留在牙縫中。在酶的作用下，它們會轉化成酸，這些酸會跟牙齒表面的珐瑯質發生反應，形成可溶性鹽，使牙齒不斷受到腐蝕，進而形成齲齒。

如果我們每天吸收適量的氟，那麼氟就會以氟化鈣的形式存在於骨骼和牙齒中。氟化鈣很穩定，口腔裡形成的酸液腐蝕不了它，因而可以預防齲齒。

是誰滅了恐龍霸主

恐龍，從中生代的三疊紀到白堊紀，在地球上稱霸了1.6億年，但後來卻絕種了。關於恐龍的滅絕，科學界和學者們觀點不一，有的認為是小行星撞擊導致，有的則認為是恐龍性功能衰退導致的滅亡，還有人認為是海底火山爆發導致，等等。那麼恐龍究竟是如何滅絕的呢？

生物課上，老師講完人的進化之後，開始講恐龍的進化。同學們對這些都已經很熟悉了，所以覺得很無聊，一個個都無精打采。

老師見狀，突然話鋒一轉：「侏羅紀時期，恐龍家族曾稱霸世界，但到了白堊紀，這些『霸主』們都神祕地滅絕了。最近有科學家認為，恐龍的滅絕和臭氧層空洞有關，那麼有哪位同學知道這是怎麼回事？」同學們一聽來精神了，到底是怎麼回事呢？

就在同學們思索的時候，班裡的「小博士」站起來說：「在白堊紀時期曾有一次大規模的海底火山爆發。這次爆發曾使大氣中出現超大面積的臭氧層空洞。這樣，太陽中的紫外線就可以肆無忌憚地穿過大氣層射到地球上。恐龍霸主們被強烈的紫外線照射後，漸漸發生病變，最後導致滅絕。」

「嗯，回答得很好。」老師微笑著點點頭。

化學小偵探 臭氧：地球的保護傘

大氣中臭氧層對地球生物的保護作用現已廣為人知——它吸收太陽釋放出來的絕大部分紫外線，使動植物免遭這種射線的危害。

為了彌補日漸稀薄的臭氧層乃至臭氧層空洞，人們想盡一切辦法，比如推廣使用無氟製冷劑，以減少氟利昂等物質對臭氧的破壞。世界上還為此專門設立國際保護臭氧層日。

由此給人的印象似乎是受到保護的臭氧應該越多越好，其實不是這樣，如果大氣中的臭氧，尤其是地面附近的大氣中的臭氧聚集過多，對人類來說臭氧濃度過高反而是個禍害。臭氧也是一種溫室氣體，能夠導致更嚴重的溫室效應。

第一個享用氧氣的老鼠

我們知道，如果沒有氧氣的話，人類就無法生存，一直以來，科學家人對氧氣的研究也是層出不窮，在眾多討論發現氧氣的著作中，約瑟夫・普利斯特里所著的名為《幾種氣體的實驗和觀察》，最饒有興味。

這本書於1766年出版。在這部書中，他向科學界首次詳細敘述了氧氣的各種性質。他當時把氧氣稱作為「脫燃燒素」。普利斯特里的試驗記錄十分有趣。

其中一段寫道：「我把老鼠放在『脫燃燒素』的空氣裡，發現它們過得非常舒服，我自己受了好奇心的驅使，又親自加以試驗。我想讀者是不會感到驚異的。我自己試驗時，是用玻璃吸管從放滿這種氣體的大瓶裡吸取的。當時我的肺部得到的感覺，和平時吸入普通空氣一樣；但自從吸過這種氣體以後，經過好多時候，身心一直覺得十分輕快舒暢。有誰能說這種氣體將來不會變成時髦的奢侈品呢？不過現在只有我和兩隻老鼠，才有享受呼吸這種氣體的權利啊！」

當時，這種氣體的名字並不是「氧氣」，普利斯特里把它叫做「脫燃燒素」。在製取出氧氣之前，他就製得了氨、二氧化硫、二氧化氮等，和同時代的其他化學家相比，他採用了許多新的實驗技術，因此，他被稱之為「氣體化學之父」。

1783年，拉瓦錫的「氧化說」已普遍被人們接受。雖然普利斯特里只相信「燃素學」，但是他所發現的氧氣，卻是使後來化學蓬勃發展的一個重要因素。

氧氣名稱的由來

氧氣（Oxygen）希臘文的意思是「酸素」，該名稱是由法國化學家拉瓦錫所起，原因是拉瓦錫錯誤地認為，所有的酸都含有這種新氣體。

氧氣的中文名稱是清朝徐壽命名的。他認為人的生存離不開氧氣，所以就命名為「養氣」即「養氣之質」，後來為了統一就用「氧」代替了「養」字，便叫這「氧氣」。

為什麼不可以呼吸氯氣

某化工廠用汽車從外地運送液氯，中途夜宿一家旅社裡，由於液氯罐閥門長期沒有檢修，所以逐漸初腐蝕了，並且有些漏氣，這時被值班的人員發現了，值班人員馬上叫醒了跟車人員處理漏氣閥門。

但是由於天太黑，氯氣噴出量又很大，閥門不但沒有修好，反而漏的氯氣越來越多，氯氣的毒性太大，跟車人員根本無法再修理下去了，所以與值班人員便想放棄。

然而，值班人員還沒有跑出院子就昏倒死亡了。跟車人員也跑出百米後昏倒，很快也死亡。此時的液氯罐還在漏氣。

院子裡了生了事故後，有的旅客便出來圍觀，有的旅客甚至開窗戶觀望，很快的，氯氣遍佈了各個房間，旅客們紛紛躲避，同時也出現了不同程度的氯氣中毒現象。

事實上，氯氣是一種有毒氣體，它主要透過呼吸道侵入人體並溶解在黏膜所含的水分裡，生成次氯酸和鹽酸，對上呼吸道黏膜造成有害的影響：次氯酸使組織受到強烈的氧化；鹽酸刺激黏膜發生炎性腫脹，使呼吸道黏膜浮腫，大量分泌黏液，造成呼吸困難，所以氯氣中毒的明顯症狀是發生劇烈的咳嗽。

症狀重時，會發生肺水腫，使循環作用困難而致死亡。由食道進入人體的氯氣會使人噁心、嘔吐、胸口疼痛和腹瀉。1L空氣中最多可允許含氯氣0.001mg，超過這個量就會引起人體中毒。

化學小偵探
誰「污染」了水

人們不禁要問，如此劇毒物質，有什麼用呢？事實上，我們可以用氯氣對飲用水進行氯化消毒。

「這自來水怎麼會有味道？難道被污染了？」一個來自農村的小保姆驚訝的喊道。

小保姆沒見過自來水。一天她打開自來水龍頭喝水，發現水比較混濁，還帶有輕微的氯味，她歎了口氣：「大家都說城裡污染嚴重，果然連喝的水都被污染成這個味道。」

房主阿姨在客廳聽到小保姆的歎氣聲，笑著對她說：「那不是污染，是為了消毒，在水裡放了氯氣，所以才有

味。」

小保姆更不解了，氣體怎麼能放到水裡呢？

「因為氯氣能溶於水，並能和水發生質的變化。」阿姨儘量簡單地跟她解釋。

小保姆明白地點了點頭。

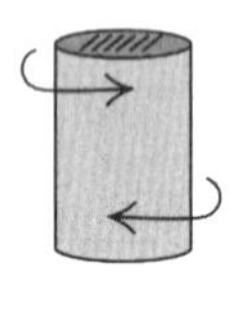

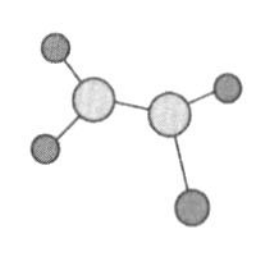

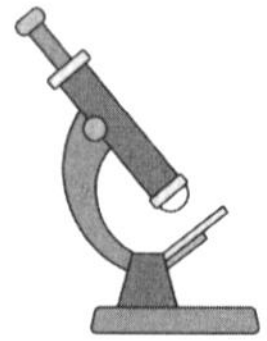

搬家搬出了禍

「劉兄，聽說你搬了新房子！祝賀你喬遷之喜啊！」

「哎，別提了，很心煩呢！」劉先生皺著眉頭搖了搖頭。

「怎麼回事？換了房子應該高興才對啊！怎麼看你一點也不興奮啊！」

「還興奮呢！差點命喪黃泉了。」說完轉身就走了。

劉先生是一外企經理，前不久買了房子，裝修後經檢驗合格便搬了進去。

一個月後，劉先生的妻子看中了一套傢俱，便買了回來。那天晚上傢俱入室，可睡至早上5點鐘時，劉先生夫妻倆便頭昏目眩、頭痛，嘔吐了4次。實在不行便撥打了119，醫生說可能是中毒了，便立即為其輸液，輸至下午2時才恢復正常。於是夫妻倆再也不敢住進自己的房子。買回的傢俱

為何成了「無形殺手」？

劉先生便請來了專家來家檢測，檢測結果發現這個放新傢俱的室內甲醛濃度為1.84毫克/立方米，而國家標準規定甲醛最高容量允許濃度為0.08毫克/立方米，甲醛濃度超標23倍多。檢測同樣裝修而安放舊傢俱的屋子，測試結果僅為0.4毫克/立方米。

一套新傢俱差點要了他們的命。為何甲醛會出現在傢俱裡呢？

甲醛廣泛用於工業生產中，是製造合成樹脂、油漆、塑膠和人造纖維的原料，是人造板製造所用的尿素醛樹脂膠、三聚氰胺樹脂膠和酚醛樹脂膠的重要原料。

目前，世界各國生產人造板（包括膠合板、大芯板、中密度纖維板和刨花板等）主要使用脲醛樹脂膠（UP）為膠黏劑，脲醛樹脂膠以甲醛和尿素為原料，在一定條件下進行加成反應和縮聚反應而成。

化學小偵探
甲醛——居室的頭號殺手

專家指出，甲醛對人體健康的影響非常大，它能夠導致人患上幾十種疾病。世界衛生組織更是明確指出：甲醛能致癌。近年的研究表明，甲醛能夠導致人患上的癌症達到十餘

種。

甲醛中毒常見症狀之一是易感冒。專家表示，甲醛對新生兒和青少年的危害是最大的。

據瞭解，甲醛已經成為居室的頭號殺手。長期吸入過量的甲醛，會使人患上慢呼吸道疾病、過敏，鼻咽癌、尿毒症等癌症，造成不孕不育，以及孕婦的流產、胎兒畸形等。甲醛對於新生兒和青少年的危害更是巨大，嚴重影響他們的健康成長。

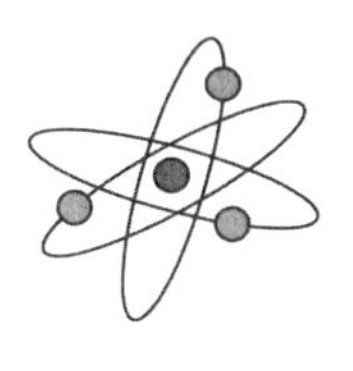

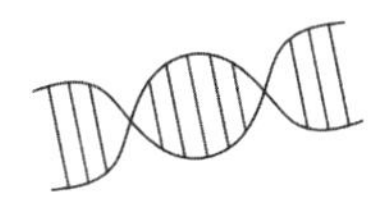

讓你情不自禁發笑的氣體

每個人的生活中都充滿著笑，這種笑是受感情支配的。但是你絕對想不到一種氣體，只要你一聞到它，就會情不自禁地大笑起來。

晚會上，表演者小馬走向台前，對觀眾說：「我今天能使在座的來賓大笑。」隨後便做了幾個滑稽動作，引起了觀眾的一陣笑聲。他接著問：「大家都笑了嗎？有誰沒有笑？」台下有一位觀眾舉起了手，說他沒有笑。

小馬把那位觀眾請到台上，問他：「你一定不笑？」那位觀眾很自信地點了點頭。於是小馬便使出嘴皮功夫，說了許多俏皮話，那觀眾仍舊無動於衷，小馬似乎沒有辦法了，搖了搖頭。

再來，他從口袋中拿出一個玻璃瓶，對那位觀眾說：「你聞一聞這瓶裡是什麼氣味。」那觀眾看到瓶裡似乎沒有什麼東西，便大膽地打開瓶塞，將瓶口對著鼻子吸了幾下。呵！奇蹟出現了，那位觀眾開始情不自禁地哈哈大笑起來，引得台下的觀眾也好奇地跟著他笑了起來。等大家笑完以後，小馬才向大家透露了其中的奧祕。

原來小馬事先在瓶裡收集了一種氣體，因為這種氣體能使人發笑，因而人們常稱它為「氧化亞氮」。

無獨有偶，有一個人利用氧化亞氮做了一個廣告：「明日上午九時在市政府大廳進行一場吸入氧化亞氮的公開表演，本人為公眾準備了一些氧化亞氮，可以供20名志願者使用，同時派8名大漢維持秩序，以防發生意外，望公眾踴躍觀看，在笑聲中獲得新奇感，得到精神上的滿足。」

這幅別致的廣告迎合了無數獵奇者的心理，人們爭先恐後買票來看這場令人捧腹大笑的表演，當場就有20名志願者上台。當他們吸入了氧化亞氮後，個個都哈哈大笑，有的還做出各種稀奇古怪的動作。這是什麼原因呢？

具體來說，氧化亞氮，在一定條件下能支持燃燒，但在室溫下穩定，具有輕微的麻醉作用，並能致人發笑，並且能溶於水、乙醇、乙醚及濃硫酸。因此，氧化亞氮是人類最早應用於醫療的麻醉劑之一。

化學小偵探
令人愉快的甜味

1772年，英國化學家普利斯特利發現了一種氣體。這種氣體稍帶「令人愉快」的甜味，同無臭無味的氧氣不同；它還能溶於水，比氧氣的溶解度也大得多。它是什麼，成了一個待解的「謎」。

1798年，大衛吸了幾口這種氣體後，奇怪的現象發生了：他不由自主地大聲發笑，還在實驗室裡大跳其舞，過了好久才安靜下來。因此，這種氣體被稱為「氧化亞氮」。

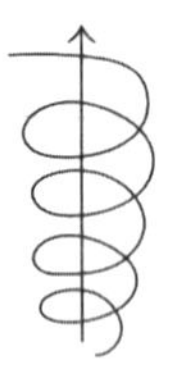

會呼吸的石頭，居然能著火

日常生活中，取暖做飯經常用到煤氣，對於煤氣，我們並不陌生，但對於它的發現過程，卻有著一段有趣的故事。

英國大發明家威廉・梅爾道克，小時候和一些小朋友在自己家後的一座小山上挖葉岩玩——這種石頭一片片的，像一頁頁書，能用火點著。

梅爾道克覺得這種石頭很怪，居然能著火，要是放在水壺裡燒一燒，又會成什麼樣子呢？於是威廉・梅爾道克決定帶些石頭回家燒燒看。

回到家，梅爾道克把採來的葉岩小心翼翼地放進了水壺裡，然後把水壺放在火上烤。他想，加熱了，這種奇怪的石頭還能變成什麼呢？

過了一會兒，水壺嘴裡冒出了一股股氣體，小梅爾道克又驚又喜，哎呀，這石頭還真神奇，居然還呼吸，石頭能燃燒，那它呼出來的氣體也可能會燃燒，他一邊想，一邊用火柴點燃它，想不到火柴剛一碰到那種氣體，就聽「啪」的一聲，那氣體就燃燒起來了，把小梅爾道克嚇了一跳，差點兒讓火燒到他了。

自此梅爾道克迷戀上了科學，長大後，他開始研究煤，他把一塊煤塊像小時候玩葉岩一樣，放進了小水壺裡，然後，在水壺底加熱，並仔細地觀察著水壺裡的變化。一會兒，水壺嘴裡也冒出了一股股氣，用火柴一點，也著了起來。梅爾道克把這種氣體稱為「煤氣」。

在日常生活中，如果煤氣洩漏、燃料燃燒不充分或者排煙不順暢，就會使吸入的人煤氣中毒，甚至會喪命。這是為什麼呢？

我們知道，人每天都要不停地呼吸，吸入空氣中的氧氣，呼出體內的二氧化碳。而氧氣在體內的運輸，必須依靠血液中的紅細胞。氧氣與紅細胞中的血紅蛋白結合，然後紅細胞像卡車一樣，把氧氣運送到全身的每一個地方，再將氧氣「放給細胞」，這樣細胞就可以進行各種生命活動。

煤、天然氣和液化氣在燃燒不充分或洩漏時，會釋放出一氧化碳。一氧化碳會「搶走」紅細胞中的血紅蛋白。它和血紅蛋白的結合能力比氧氣大得多，當人體吸入了一氧化碳時，血紅蛋白就會被一氧化碳占據，無法再運輸氧氣了。時間一長，人就會頭昏、噁心、昏睡、四肢無力，出現缺氧的症狀，嚴重的甚至使人窒息死亡。

可怕的「櫻桃紅色」

最早對一氧化碳的毒性進行徹底研究的是法國的生理學家Claude Bernard。在1846年，他讓狗吸入這種氣體，發現狗的血液「變得比任何動脈中的血都要鮮紅」。現在我們知道血液變成「櫻桃紅色」是一氧化碳中毒的特有的臨床症狀。

由於一氧化碳可以使血液變得非常鮮紅的特點，所以一些肉品商人用一氧化碳處理鮮肉，可以使生肉不被氧化變色，甚至可以在10℃的溫度下保存28天還如同新屠宰的肉，當然，這引起了非議，人們認為這樣會對身體不利。

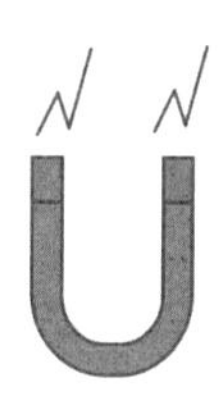

氦——太陽的元素

1868年8月18日，法國天文學家讓桑赴印度觀察日全食，並利用分光鏡觀察日珥，從黑色月盤背面如出的紅色火焰，看見了有彩色的彩條，這是太陽噴射出來的幟熱其他的光譜。他發現一條黃色譜線，並接近鈉光譜總的D1和D2線。

日蝕後，他同樣在太陽光譜中觀察到這條黃線，稱為D3線。無獨有偶，1868年10月20日，英國天文學家洛克耶也發現了這樣的一條黃線。

經過進一步研究，人們認識到這是一條不屬於任何已知元素的新線，是因一種新的元素產生的，人們並把這個新元素命名為helium，來自希臘文helios（太陽），元素符號定為He。這是第一個在地球以外，在宇宙中發現的元素。

20多年後，拉姆賽在研究釔鈾礦時發現了一種神祕的氣體。由於他研究了這種氣體的光譜，發現可能是詹森和洛克耶發現的那條黃線D3線。

但由於他沒有儀器測定譜線在光譜中的位置，他只有求助於當時最優秀的光譜學家之一的倫敦物理學家克魯克斯。克魯克斯證明瞭，這種氣體就是氦。這樣氦在地球上也被發現了。

氦，這個奇妙的物質，一直在引起科學家們的注意。科學家們繼續研究氦，透過科學實驗，不斷地為氦寫下一頁又一頁新的歷史。

化學小偵探
氦的超導現象

有一個有趣的實驗，各種物質放在液態氦裡，情況非常奇妙。

看！在液氦的溫度下，一個鉛環，環上有一個鉛球。鉛球好像失去了重量，會飄浮在環上，與環保持一定距離。

再看！在液氦的溫度下，一個金屬盤子，把細鍊子系著磁鐵，慢慢放到盤子裡去。當磁鐵快要碰到盤子的時候，鍊子松了，磁鐵浮在盤子上，怎樣也不肯落下去。

很神奇吧！當然，這一切，只能在液態氦的溫度下發生。溫度一升高，這些現象就沒有了，鉛球落在鉛環上，磁

鐵也落在金屬盤子裡了。這是低溫下的超導現象。

原來，有些金屬，在液態氦的溫度下，電阻會消失；在金屬環和金屬盤中，電流會不停地流動而產生磁場。這時候，磁場的斥力托住了鉛球和磁鐵，使它們浮在半空中。

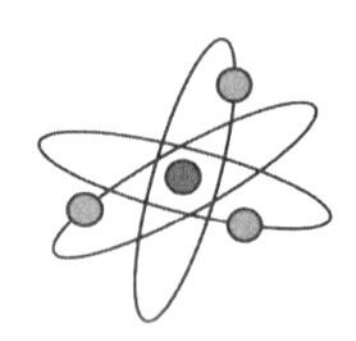

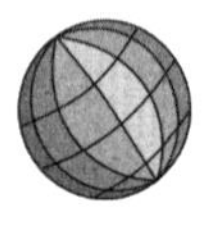

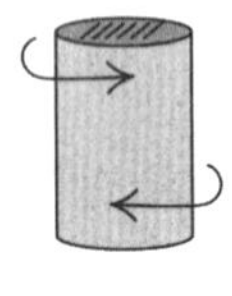

探究雄黃的發源地

「別跑！我要吃了你！」

「不要追我，你這條大蛇，我求求你，放了我吧！你看，我這有酒，可以全都給你。」

「哈哈，這還差不多。」

「天哪！我好難受啊！我要死了！小鬼你給我的是什麼酒？」

這是什麼酒啊？為什麼會讓一條蛇的戰鬥力瞬間瓦解呢？其實那不過是雄黃酒。

要說這雄黃酒對人類來說是再普通不過的酒，可是在蟲類的眼裡，那無異於「死神」降臨。還記得《白蛇傳》中，白素貞一喝完許仙送上的雄黃酒，就立刻美女變蛇形，把許仙嚇得半死嗎？當然了，這雖然是文學藝術加工的情節，但也說明了蛇是怕雄黃的。

蛇本身對雄黃就非常敏感，如果再加入酒精的話，雄黃的驅蟲威力就會爆發，其原因是酒精具有一定的揮發性，會把雄黃的味道帶到空氣中，所以蛇就會躲得遠遠的！

其實端午節那天，人們喝一點或抹一點雄黃酒，一方面是慶賀節日，另一方面是有解毒驅蛇的作用。端午節時，氣候溫和，正是各種昆蟲和蛇類繁殖、活動猖獗的時候，而小孩子又喜歡漫山遍野地瞎跑，如果在他們身上抹點雄黃，蛇蟲一聞到雄黃的氣味就會躲得遠遠的，這樣就避免了被蛇蟲咬傷的危險。

雄黃是一種含硫和砷的礦石，你們可別小看了這個「砷」，如果它滲入你的身體裡，那是很危險的。

砷是很容易接觸的，在過去，就有小朋友誤食含砷的殺蟲劑，或是在經過砷化銅處理的木頭傢俱附近玩耍時，因皮膚接觸或食入導致砷中毒。較長期密切接觸砷化物，可經消化道、皮膚、呼吸道等不同途徑吸收，輕者會出現皮炎、皮膚過度角化、皮膚色素沉著等症狀，重者會有血壓下降、四肢厥冷、昏迷、尿失禁等症狀。

所以說，這「砷」是不是一點也不「紳」士啊！

化學小偵探

死亡池塘，飲水變毒水

在孟加拉，那裡有很多人正飽受砷中毒的危害。據媒體報導，已經有兩百萬人集體砷中毒，而且還有很多人因此而喪命，未來將會有更多的人因此而失去生命。這到底是怎麼回事呢？

說來話長，在20世紀80年代，因為孟加拉的河流和池塘受細菌污染，在國際援助機構的協助下，孟加拉開鑿了數萬個人工池塘，以供當地的民眾飲用。誰知，這竟然是好心辦了壞事——在孟加拉的土壤和地下沉澱物中，有大量的砷元素。如此一來，那些砷便進入了人工池塘，而人們卻大量飲用人工池塘裡的水。

就這樣，飲用水變成了毒水，砷也神不知鬼不覺地潛入了人體，接著便像「狗皮膏藥」似的想甩也甩不掉了。

溴——公山羊的惡臭

相信大家都聞過公山羊的惡臭，那種味道簡直是難聞至極。然而，在化學界，有一種元素就有這種味道，很有趣吧！下面我們來揭開這個元素神祕的面紗。

法國著名化學家巴拉爾做了這樣一個實驗：把燒成灰的海藻浸入熱水中，再往裡面通氯氣，就能得到一種紫黑色的固體——碘晶體，可是，在提取碘之後，碘液底部總是沉澱著一層深褐色的液體，這種液體，還散發出一種刺鼻的臭味。

巴拉爾心想，這可能是一種新元素。於是他開始做深入的研究，結果發現這種元素的水溶液在常溫下是暗紅色的，易揮發而呈紅色蒸氣，能嚴重侵蝕皮膚，可以用來製作藥品、染料等。

巴拉爾在取得必要的證據後，宣佈自己發現了一種新元素，他將它命名為「溴」。1842年，巴拉爾發表了一篇題目為《海藻中的新元素》的學術報告。

德國化學家李比希看到了巴拉爾的學術報告後，不禁大驚失色，說：「我曾經做過這樣的實驗啊！」

原來，在發現溴的前幾年，李比希曾接受了一家製鹽工廠的請求，考察母液中所含的物質時，在分析的過程中，發現澱粉碘化物過夜以後會變成黃色。

他再將母液通入氯氣進行蒸餾，得到一種黃色的液體，沒有分析研究就判斷是氯化碘，並把裝液體的瓶子貼上「氯化碘」的標籤……

李比希後悔不已，為了讓自己吸取教訓，他就在床頭掛了一張寫有「氯化碘」的標籤。

化學小偵探
溴的化合物——攝影界的頂梁柱

溴的最重要的化合物，就算是溴化銀了。溴化銀有一個奇妙的特性——對光很敏感，稍微受到光的刺激，它就會分解。

因此，人們把它和阿拉伯樹膠製成乳劑塗在膠片上，就製成了「溴膠於片」。人們平常用的照相膠捲、照像底片、印相紙，幾乎都塗有一層溴化銀。

現在，攝影行業消耗著大量的溴化銀。它可是攝影界的頂樑柱了。在1962年，全世界溴的化合物的產量已近十萬噸，其中有將近九萬噸用於攝影。

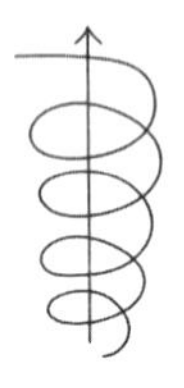

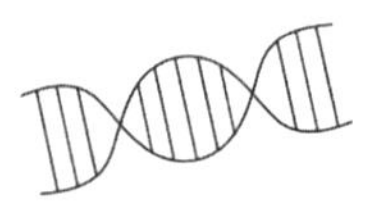

讓你又愛又恨的「化學小大夫」：醫學的故事

誰治好了加斯泰斯居民的牙痛病

我們知道有很多病會遺傳，但牙痛病卻是公認不會遺傳的，然而有個地方的居民世世代代都患有遺傳的牙痛病，但經過一次自然災害後，這種牙痛病竟然被治癒了，到底是誰有這麼大本領呢？

加斯泰斯和那爾葉爾是新西蘭的兩個沿海城市，在這兩個城市居住的居民都患有「遺傳」的牙痛病，但卻無法醫治。

20世紀30年代，新西蘭沿海地區發生了一次非常強烈的地震，地震之後，加斯泰斯的居民驚奇地發現，靠近該城的一部分海洋竟變成了陸地。由於海底變成的陸地的土壤十分肥沃，有人就試著在上面種了些蔬菜，沒想到蔬菜長得非常茂盛。從此，這裡便成了加斯泰斯的蔬菜基地。

幾年後，奇怪的事情發生了，這個城市的居民的牙痛病居然都好了，而鄰近的那爾加爾的居民則仍像原先那樣，牙痛病患者一點也未減少。

加斯泰斯居民的牙痛病的根除，引起了專家們的極大興趣。他們特地取了這兩個城市居民平時吃的蔬菜進行研究，結果發現在原先是海洋的那塊陸地上種的蔬菜中，金屬鉬的含量高出了許多。後來證實，正是這些鉬治好了加斯泰斯居民一直「遺傳」的牙痛病。

化學小偵探
讓你「鉬」瞪口呆的戰爭金屬

鉬之所以被稱為「戰爭金屬」，原因很簡單：把鉬加到鋼裡，鋼的強度，韌性以及耐高溫、抗腐蝕的本領都會得到很大的提高。

直到現在，鉬仍是重要的戰略物資，全世界大部分的鉬仍被用來製造槍炮、裝甲車、坦克等戰爭武器。並且隨著時代的進步，鉬還被廣泛應用於航空航太、核工業等國防軍工領域。

中國的鉬資源儲量占全球的38.4%，居全球第一。隨著時代的進步，鉬還被廣泛應用於航空航太、核工業等國防軍工領域，把鉬比作「戰爭金屬」是再合適不過的了。

銀針試毒，妥當嗎

我們在新聞、網路上經常看到集體食物中毒、吃了豆角中毒等，所有食物中毒的都是人類，動物中毒很少見。但下面這隻小花貓，卻食物中毒了，而且還是吃了皇帝的玉膳。趕緊來看看是怎麼回事吧！

古時候，一個奸臣想謀權篡位，於是他想先殺害皇帝，再起兵造反。可是，他無法接近皇帝，有事上朝時，文武百官都在，根本下不了手，即使下了，眾目睽睽之下，別說篡位了，連自己的小命都保不住。於是，他又想出了一條毒計，花錢買通了為皇帝做飯的廚子，在皇帝的飯菜中下毒。

有一天，這個廚子在皇帝的飯菜裡已經下好了毒，貼身的太監把皇帝愛吃的飯菜恭恭敬敬地遞了上去。

這時，皇帝看見侍女抱著自己最疼愛的小花貓，一時興起，就命令侍女拿了一條紅燒魚給小貓吃，想不到小花貓剛

吃幾口就中毒而死。

貼身太監急了，拿起皇帝的銀湯匙，往別的菜裡一插，發現直冒泡，皇帝見了大吃一驚，繼而龍顏大怒，最後把奸臣和廚子打入死牢。從此以後，不僅皇帝自己，連皇帝的嬪妃也用銀碗銀匙作食具呢！

在古代帝王的宮室中，銀製食具的確是屢見不鮮。在銀碗裡盛放牛奶，可以保持幾個月不變質。這主要就是銀具中含有銀離子，具有強烈的殺菌作用，故而食物不易腐敗。所以，皇宮裡使用銀具，不僅能防毒，也能殺菌，有益健康呢！

化學小偵探
銀針扎雞蛋——針頭立即變黑

敲開煮熟的雞蛋，將銀針插入雞蛋蛋黃中，一會後拔出來查看，令人驚奇的現象發生了：銀針的針頭部分幾乎一插入就變黑了，表面蒙上了一層淡淡的黑色物質；而外面未接觸雞蛋的針體依然光亮。

問題來了，為什麼銀針插入雞蛋蛋黃中會變黑呢？有專家指出，古人用銀針試的「毒」基本上是砒霜，即三氧化二砷。古代提煉技術落後，砒霜中含有少量硫雜質。正是這些硫雜質與銀發生了氧化還原反應，生成了硫化銀，使得銀表面變黑，就驗出了毒。

而現代技術水準下，砒霜中不再含有硫雜質，用銀針想要驗出「毒」並不現實。而雞蛋能夠如此快速地令銀針變黑，專家認為，是因為雞蛋蛋黃中含有的硫化氫起了作用，硫化氫中有負二價的硫離子，遇到銀很快就能反應生成硫化銀。

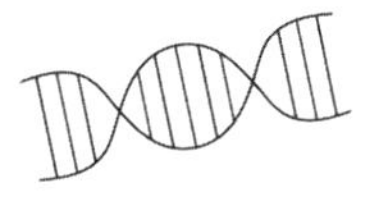

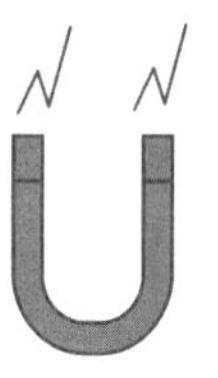

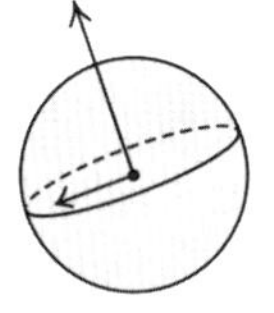

樹皮救了美洲殖民者

美洲大陸剛被發現時，大批的殖民者都湧向那裡，企圖得到大量的金銀財寶，但結果不僅沒撈到錢財，還丟了性命，你知道是怎麼回事嗎？

16世紀，美洲大陸剛剛被發現，大批的歐洲殖民者湧向美洲，想到那裡大發橫財。然而，一到了那裡，他們像相互傳染似的，都得了一種可怕的病，幸運的弄得虛弱而歸，倒楣的就葬身美洲大陸。但令人奇怪的是那裡的印第安人卻安然無恙。這是為什麼呢？後來人們知道那就是瘧疾。

1638年，西班牙駐祕魯總督欽洪的妻子，得了可拍的瘧疾。在生命危險的時刻，一位祕魯的印第安人醫生，把她從死亡線上救了下來。他用一種歐洲人所不知道的、奇妙的樹皮，治好了總督夫人的病。

為了紀念這件事，歐洲人把這種奇妙的樹皮叫做「奎寧」或「金雞納」，意即「戰勝瘧疾」。這種奇妙的樹皮，在美洲到處都有，印第安人長期以來就是用它醫治瘧疾的。

治瘧疾的萬能藥

1527年出版的《本草綱目》就提到了常見野生植物青蒿能「治瘧疾寒熱」。1693年，法國傳教士洪若翰曾用金雞納霜治癒康熙帝的瘧疾。

曹雪芹的祖父曹寅因患瘧，曾向康熙帝索要金雞納霜。蘇州織造李煦上奏云：「寅向臣言，醫生用藥，不能見效，必得主子聖藥救我。」

康熙知道後特地「賜驛馬星夜趕去」，還一再吩咐「若不是瘧疾，此藥用不得，須要認真，萬囑萬囑。」但在藥物趕到之前，曹寅已經去世了。

囚犯們的「腳氣病」

19世紀90年代，荷蘭某地的一座監獄裡關押了190多名囚犯，他們有的是因盜竊入獄，有的是因殺人入獄，有的因強姦入獄等等，性質不一，享受的「待遇」也不同。

罪刑較輕的每天可以吃到大米、湯和菜，位於中間的則可以享受大米和菜的「待遇」，罪刑較重的則只能吃大米。雖然這所監獄實行的政策有違公平，但長久以來都是這麼過來的，也就成了習慣。

有一天，有一名殺人犯吵著說腳癢，腳縫裡還長了許多小米粒大小的泡，第二天，又有一名囚犯喊腳癢，之後，接二連三的囚犯得了此病。監獄長懷疑有傳染性，就趕緊請來了醫生過來看看。

醫生診斷了半天，得出了一個結果：腳氣病。原來，得腳氣病的囚犯都是重刑犯，他們每天只能吃大米，所以嚴重缺少維生素B1。

自從發生了此事件之後，該監獄改變了長久以來的「習慣」，讓每位犯人都吃上了蔬菜。「腳氣病」才得到了控制。

化學小偵探
粗糧中的寶貝

當你聽到「腳氣病」看到這個詞時，是不是就會認為這是「腳氣」呢？可能不少人都會有這樣的誤解。其實，我們常說的「腳氣」是一種真菌引起的腳癬，而「腳氣病」卻是由於缺乏某種維生素Bl造成的疾病。

粗糧中含有豐富的維生素Bl。試想一下，你在家中常吃的是粗米還是精米，標準粉還是精粉，平時吃蒸飯還是撈飯呢？

現在生活條件越來越好，我們吃的越來越精細，大部分人吃的是精白米麵，豆類在主食中占的比例也越來越小。這些原因都會造成維生素Bl的缺乏，進而得上腳氣病。因此，在日常生活中，我們應該多吃些粗糧來補充維生素Bl，藉此來讓腳氣病遠離我們。

讓你藥到病除的神泉

一個年輕人，去維也納尋找生計，只見他身背一個皮袋子，一副喪魂落魄的樣子。由於一路奔波勞碌，風餐露宿，他雙腿沉重極了，渾身滾燙，實在支撐不住了，竟然一頭倒了下去……

後來，一位善良的老人發現了年輕人，告訴年輕人他患上了匈牙利病，即斑疹傷寒。這種病很厲害，弄不好會傷及性命的。

老人說，當地的人得了這種病都是用森林裡的泉水來治療的。別無辦法，只好帶著一線希望，隨老人來到了那片林子裡，並搭好棚子，每天由老人舀來泉水讓年輕人飲用。一個月以後，年輕人的病果然奇蹟般地好了。

可是，他一直弄不明白為什麼泉水能治病，當地的居民也說不清。

最後，年輕人在維也納一家藥房找了份工作，終於使自己安頓下來。於是，他立即投身到研究中，從書本上認識、瞭解礦物質的一些特性特點，在藥房裡用器具進行試驗，尤其是對那「救命」的泉水，更是不能忘懷，再次從那片森林裡取來泉水的「樣品」，精心地探究起來：「我一定要弄明白這到底是怎樣一回事，」年輕人自言自語，「這泉水裡一定有一種什麼特殊的物質，不然不會這樣！」

有一天深夜，年輕人突然興奮地喊起來：「找到啦，找到啦！」

原來，泉水能治病的原因，是因為水裡含有一種帶結晶水的硫酸鈉。現在人們還用它來給病人治病。

泉水中的神藥

泉水中溶解了大量的礦物質元素，對多種疾病是有特殊療效的。

鈣能強筋壯骨，調適心跳頻率、血凝速度和神經傳導等功能；還可消除緊張，防止失眠。

人體血液中，起輸氧作用的血紅素，就是一種含鐵的物質。缺鐵會引起貧血，使人氣短、暈眩、倦怠、精力無法集中。

鋅能促進骨骼的增長，能防止動脈硬化、皮膚疾病。缺鋅可引起侏儒症、皮膚病等；癌症的成因，也與缺鋅有關。

此外，鈉、鉀的作用，自不待言。氟可促進血紅蛋白的形成，可使鈣在骨骼和牙齒中積聚；碘可防治甲狀腺腫，鎂能使肌肉富有彈性；鉻、硒等稀有元素，可使人長壽……。人們能生命不息，大多是礦物質化學元素的功勞。

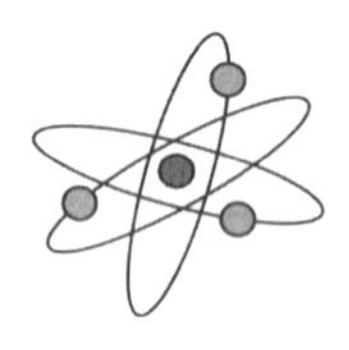

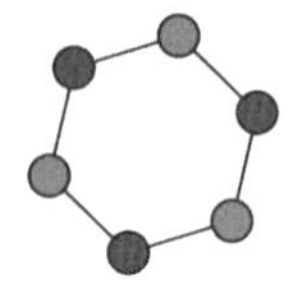

舔舔就能治傷口

在一個角落裡，一隻流浪狗不知被誰打折了腿，還流著血。只見小狗臥在地上，用舌頭舔著傷口。

幾個小孩蹲在不遠處看著。「誰這麼狠？把牠打成這樣。」「小狗的主人是誰啊，趕緊帶牠去醫院吧」、「牠一定活不了了，流了這麼多血」。這群小孩七嘴八舌地議論著，他們都以為小狗活不久了。

過了幾天，這群小孩又看見了這隻小狗，令他們非常驚訝的是小狗居然沒死，而且傷口也好了。

這是為什麼呢？孩子們腦子裡打了個大問號。

原來，唾液中有很多種酶，這些酶對維護和促進消化功能起到很大作用。唾液中還含有蛋白質和滅菌物質。

狗的唾液中含有溶菌酶，具有殺菌作用。狗的唾液腺發達，能分泌大量唾液，濕潤口腔和飼料，便於咀嚼和吞嚥。

狗的食管壁上有豐富的橫紋肌，嘔吐中樞發達。當吃進毒物後能引起強烈的嘔吐反射，把吞入胃內的毒物排出，是一種比較獨特的防禦本領。

狗的胃液中鹽酸的含量為0.4～0.6%，在家畜中居首位。鹽酸能使蛋白質膨脹變性，便於分解消化。因此，狗對蛋白質的消化能力很強，這是其肉食習性的基礎。

人如果有傷口就需要去醫院，給醫生消消毒才能好，小狗受傷了用舌頭舔舔就可以當作消毒了，這樣不但不會感染，反而不久傷口就會好起來。

化學小偵探
燕窩——鳥的口水

燕窩是什麼？燕窩是雨燕科動物金絲燕及多種同屬燕類用唾液或唾液與絨羽混合凝結所築成的巢窩，《本草綱目拾遺卷九》認為：「海燕食海邊蟲，蟲背有筋不化，複吐出而為窩」，因此，有人直接了當說，燕窩就是燕的口水。

燕窩有很大藥物功效，大致有這麼幾項，一是補肺養陰，治療肺陰不足，咳嗽咽燥，痰中帶血，二是補虛養胃，治療胃陰不足，舌紅苔少，口乾舌燥，胃中灼熱。三是補腎，治療腰酸肢軟，尿頻遺尿。四是潤膚美容，使皮膚光滑有彈性。

沒有痛苦的手術

古代，給病人開刀的時候，為了減少疼痛，手術前，醫生將病人有病的肢體浸在冰水裡，等於凍麻木了再開刀。再不就叫病人喝些毒酒，待其沉醉時再手術。但割肌之痛靠這是遠遠不夠的。東漢末年，華佗發明了麻沸散，但效果卻不理想，仍然疼痛難忍。直到19世紀中期才發現效果較好的麻醉藥。

美國波士頓的麻省綜合醫院有一位叫莫頓的牙科醫生，莫頓經常為患者拔牙，然而拔牙對於患者來說是一件非常痛苦的事，為了減輕被拔牙者的痛苦，他想了很多辦法，但還是無法減輕疼痛，這讓莫頓很苦悶。

有一天，一位中年男子喊著牙痛進了醫院讓莫頓拔牙。奇怪的是，在拔牙的過程中，這位男子沒有大喊大叫，反而說：「你的醫術果然高超，我沒有感到痛苦，反而覺得舒服些。」莫頓也覺得奇怪，環顧一下四周，莫頓看見裝乙醚的瓶子沒蓋，這是在他的腦海裡出現了一個疑問：是不是因為乙醚的緣故呢？

後來，莫頓發現：的確患者聞了乙醚味就不會感到疼痛了。於是，每次為患者拔牙時，他都用一塊浸了乙醚的手帕蓋在患者的鼻子上，結果，找他來拔牙的人絡繹不絕，他的門診部顧客盈門。

後來經過多次試驗證明，乙醚可以用於多種外科手術。1846年10月16日，莫頓在麻省綜合醫院裡首次舉行了外科麻醉手術表演。當病人按莫頓的要求深呼吸幾下，吸入麻醉氣體後，主刀醫生便割下了患者頸部的血管瘤。

整個手術持續了30分鐘，病人全然不覺疼痛，在場的人無不拍手稱奇。從此以後，乙醚麻醉法便走向世界並一直使用到今天。

化學小偵探
發明乙醚麻醉劑的風波

1846年，世界上第一次使用乙醚進行麻醉外科手術的公開表演成功了。從此，還是醫學院二年級學生的莫頓出名了。乙醚麻醉劑亦逐漸成為全世界各家醫院手術室裡不可缺少的藥品。

乙醚麻醉劑的發明是醫學外科史上的一項重大成果。然而，當莫頓以乙醚麻醉劑發明者的身分向美國政府申請專利時，他的老師維爾斯和曾經啟發他發明的化學教授傑克遜都起來與莫頓爭奪專利權。

後來，這場官司打到法院，但多年一直毫無結果。他們為此都被搞得狼狽不堪。

乙醚麻醉劑的發明造福於人類。可是，因發明減輕人們痛苦的3位科學家卻因名利的爭奪而在科學史上演出了一場令人遺憾的悲劇。

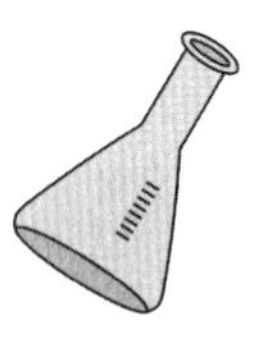

不生病的葡萄

有一座城市裡的葡萄得了一種「葡萄露菌病」，果農們看著大片大片的葡萄死去，揪心萬分，但卻束手無策。

這時，突然傳來有一家的葡萄沒有得病的消息，果農們喜出望外，像找到救命稻草一樣。所有園主的葡萄都得病了，唯有一家倖免於難，這看似奇怪的背後其實是化學在幫忙。

波爾多是法國一個盛產葡萄的城市，當地人的主要經濟來源都是靠葡萄。他們的葡萄收成非常好，可是，好景不長。葡萄因受到一種黴菌的影響，得了一種怪病：葉子就會像長黴一樣，變成白色的，藤蔓就會慢慢枯萎，嚴重的會帶來毀滅性的災難——顆粒不收。當地人稱這種病叫「葡萄露菌病」。

第二年，大片大片的葡萄正在開花結果，豐收在望。可是無情的露菌病又向四周蔓延開來，果農們心急如焚、束手無策，只能眼睜睜是看著葡萄枯萎。

正當果農一籌莫展的時候，傳來一個消息：路邊有一家的葡萄安然無恙。果農們像抓到一根救命的稻草，紛紛向園主討教。結果園主也感到奇怪，茫然不知。

這引起了米亞盧德的好奇心，「其他的葡萄都感染上露菌病，為什麼大路邊的葡萄卻安然無恙呢？」米亞盧德想。

為了弄清原因米亞盧德找到了那個園主並對土壤、水源、環境等諸多因素進行了分析和研究，結果令他失望——沒有發現絲毫異常的地方。

正當米亞盧德感到迷茫的時候，園主突然眼睛一亮：「由於我的園子在路邊，行人較多，為了防止人們亂摘，我便用石灰水和硫酸銅混在一起噴了噴葡萄，這是不是和它們有關係呢？」

聽了園主的一番話，米亞盧德趕緊回到實驗室研究起來，他將石灰水和硫酸銅溶液按不同比例混合後，噴灑到葡萄上，經過仔細地觀察，選定了一種最佳方案，製出了第一批藥物。

這批農藥挽救了果農的葡萄，讓果農免去了大量的經濟損失。後來，米亞盧德為了紀念這座城市，就將藥物命名為

「波爾多液」。

波爾多液，是人們常用的一種殺菌劑，且可自行配製，成本低，效果好。波爾多液噴在植物表面後，使植物表面形成一層保護膜，其膜上密佈遊離的銅離子，菌體或病原體落上後，接觸銅離子，使其失去活性及生命力。

這是由於離子可滲入菌體細胞與酶結合，進而使其失去活力。但對已侵入植物體內的病菌殺傷力較低。

化學小偵探

農藥兄弟：石硫合劑與波爾多液

石硫合劑也是農業生產上防治病蟲害的常用農藥之一，它與波爾多液有很多相同點，也有許多不同點，不同點主要表現在：

1. 波爾多液是一種保護劑，一般在果樹萌芽前使用，主要用於預防病菌浸染性危害。石硫合劑則是一種既能殺菌又有殺蟎、殺蟲作用的優良藥劑。一般於病害開始發生時使用，或在蟎類、介殼蟲、蚜蟲發生期使用。

2. 波爾多液是硫酸銅、生石灰和水配成；石硫合劑是由硫黃粉、生石灰和水配製而成的。

3. 波爾多液須隨配隨用不能久存。而石硫合劑則可以貯存在瓷器壇內，在其表面灑一層廢機油作保護層加蓋密封能存放15～20天。

4.波爾多液只要先把硫酸銅溶解於水。然後倒入乳化好的石灰水中攪拌均勻，濾清雜質即可使用；而石硫合劑應熬煮。熬煮的方法是：先用水把生石灰水溶解，加水煮沸，然後慢慢加入調勻的硫黃粉，邊加邊攪拌，煮至藥液由淡黃色變為黃褐色，而且轉深赤褐色為止。

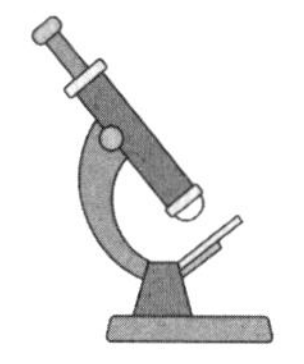

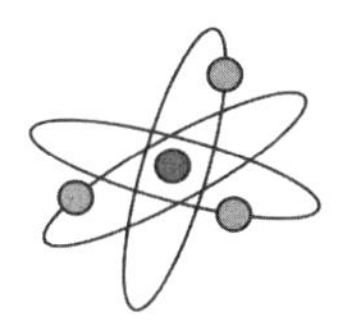
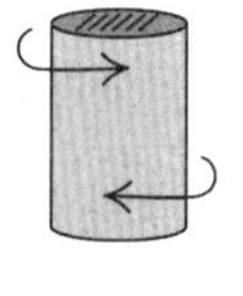

殺死細菌的祕方

生活中，跌跌撞撞在所難免，碰撞並不可怕，可怕的是受傷後留下的傷口感染。一提到傷口感染，人們馬上就會想到「死亡」二字。然而，自從有了消毒法，人們就再也不怕傷口了。

利斯特是愛丁堡醫院的一名醫生，這天他像往常一樣去查看病房。

他剛推門，一縷陽光從窗戶的縫隙裡射了進來，那光線中成千上萬個小灰塵在飛舞、飄蕩……

這時，他忽然想起法國的一位微生物專家巴斯德說過的一句話：「任何有機體的腐敗和發酵，都是由細菌引起的。」

是啊！病人的傷口是裸露在空氣中的，肯定會受到灰塵的污染，而灰塵中存在著大量的細菌，還有手術器械，等等，肯定也沾有很多細菌。他自言自語道。

這讓他想起了一個個失去生命的病人，他們大多死於傷口感染。醫生最痛苦的事情莫過於眼巴巴地看著自己的病人死去而束手無策。

於是，他翻閱了大量的資料，千方百計地尋找一種既防腐又消毒的東西。

經過日日夜夜的浴血奮戰，利斯特終於找到了提煉煤焦油的一種副產品——苯酚，手術前，用它來噴灑手術器械、手術服以及醫生的雙手等，感染的現象很少，而且傷口恢復得很快。

實驗步驟：

1. 在試管中取2mL苯酚溶液，然後滴加在石蕊試劑上，並觀察其現象。

2. 在三支試管中分別取少量苯酚固體，並分別向其中加入2—3mL的氫氧化鈉溶液、2—3mL碳酸鈉溶液、2—3mL碳酸氫鈉溶液，充分地振盪，觀察並比較現象（注意加鹽溶液的試管中是否有氣泡。）

3. 在試管中取2mL氫氧化鈉溶液，滴加2—3滴酚酞試液，再加入少量苯酚固體，觀察其顏色的變化。

觀察現象：

1. 苯酚不能使石蕊變紅。

2. 苯酚固體易溶於氫氧化鈉溶液和碳酸鈉溶液，無氣泡產生；難溶於碳酸氫鈉溶液。

3. 苯酚使紅色溶液（滴有酚酞試液的氫氧化鈉溶液）逐漸變淺。

實驗結論：

苯酚具有弱酸性，酸性介於碳酸和碳酸氫根離子之間。由於苯酚的酸性太弱，以致於不能使石蕊試劑變紅。（石蕊試液的變色範圍是：pH值5～8）

演示實驗：

在剛才製取的苯酚溶液中邊振盪邊逐滴加入氫氧化鈉溶液，至恰好澄清，生成物為苯酚鈉。再持續通入二氧化碳氣體，溶液又變渾濁（二氧化碳與水生成碳酸，碳酸與苯酚鈉反應生成苯酚與碳酸氫鈉）。

綜上所述，根據強酸製弱酸的原理可知酸性：

$H_2CO_3>NaHCO_3$

亦可知碳酸的酸性比苯酚的酸性強。

奪人魂魄的「鬼谷」

在北美州西北部，有一片十分寬闊的山谷地。早在15世紀以前，這裡曾住過不少印第安人。奇怪的是，當地人常常會突然生病，脫髮，眼睛失明，然後就痛苦地死去，甚至一些動物也逃脫不了死亡的的厄運，於是沒過多久，這裡便荒無人跡了。

由於這片山非常的可怕，人們就把這個地方叫「鬼谷」。

第二次世界大戰後，有一些勇敢的地質學家再次闖入這個奪人性命的「鬼谷」，經過他們實地考察與實驗發現，原來這裡土壤中含有大量硒元素。

硒經過植物、河水的「傳遞」，進入了人的身體，慢慢的，人體硒含量過高，所以導致中毒而死亡。

現代科學研究顯示，硒是人體必需的微量元素之一。如果缺乏硒，也同樣會引起疾病。過去中國黑龍江省克山縣，

經常流傳一種「克山病」，就是由缺硒引起的。

這種病來勢比較兇猛，病人開始嘔吐黃水、繼而心力衰竭最後突然死亡。後來研究人員把一種叫做亞硒酸鈉的化合物製成溶液噴撒在農作物上，人吃了這些植物以後適當補充了硒的含量。進而控制了「克山病」的發生。

化學小偵探 會吃硒的紫雲英

「鬼谷」之謎已被揭開，科學家們就因地制宜，把含硒多的地方變成一個硒的礦場。人們在這片山谷地上種了一種叫紫雲英的植物。因為紫雲英有一種「吃」硒的本領。

時間長了，紫雲英的體內就會積累很多硒元素。等紫雲英成熟後割下曬乾燒成灰，可以提取少量的硒元素。據說，把1公頃紫雲英燒成灰後可提取純淨硒元素2.5公斤。

化學也能變魔法：魔術與化學

連火都燒不壞的魔衣

相傳西元2世紀時，中國後漢桓帝的大將軍梁冀超得到了一件燒不壞的「魔衣」。

有一次，他大宴賓客。宴會上，為了炫耀他的衣服，他命令侍女端來一盆烈火熊熊的木炭，隨手把「魔衣」扔到了火裡。

「將軍，你……你怎麼這樣？這不是太可惜了嗎？」

「將軍，你這是開玩笑，還是玩魔術？」

賓客們大為驚訝，議論紛紛。

「沒什麼，我這是用火來燒魔衣呢。」將軍談笑自如。

赴宴的人更加目瞪口呆：世界上哪有用火來洗衣服的呢？

一會兒，侍女從烈火中取出「魔衣」來，不但衣服上的汙點沒有了，而且看上去「魔衣」更新、更乾淨！

參加酒宴的人都被驚得目瞪口呆，有的說是寶貝，有的

說是不祥之物，有的卻不以為然，但燒不壞的真正原因在哪裡呢？當時大家誰都不知道。其實，衣服燒不壞的原因是它的材料與普通衣服不同，它是用石棉做的。

化學小偵探 古老的石棉

石棉是一種被廣泛應用於建材防火板的矽酸鹽類礦物纖維，也是唯一的天然礦物纖維。它具有良好的抗拉強度和良好的隔熱性與防腐蝕性，不易燃燒，故被廣泛應用，事實上，石棉很早就被人們使用了。古時中國稱石棉為「石麻」或「不灰布」，用以製作繩索、布帛等。近代各種行業廣泛應用石棉為隔熱、防火材料等。

古埃及曾用石棉製布裹木乃伊。18世紀的日本發明家平賀源內曾以石棉，研發火浣布。可見，石棉的歷史是非常的久遠的。

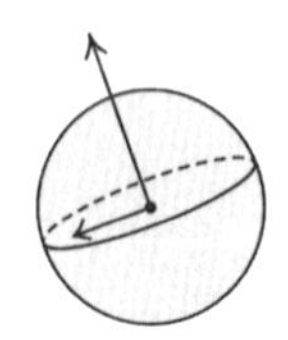

火焰也能寫字！一切皆有可能

有一句俗話「紙包不住火」，然而，如果有人跟你說，紙用火燒不著，而且還能出現一排醒目的字，你一定不會相信，但事實上，這人人都能做到。

一週一次的實驗課又到了，趙爍最高興的就是上這節課，因為老師總是有新的花樣，像變魔術一樣。我們知道，紙放在火上就初澆著，而現在中做些什麼呢？

趙爍正在沉思的時候，老師就走了進來。他先拿出一張準備好的紙，然後對同學們說：「今天，我做的這個實驗就是用酒精燈在這紙上寫字。」

說完抖了抖，同學們看見了 張潔白的紙。隨後老師點燃了酒精燈，把紙往酒精燈的火焰上輕輕地烘烤，緩緩地拖

動，讓酒精燈藍色的火舌「寫字」。

一會兒，那潔白的紙上漸漸出現了一排黑色的「現在開始上課」的字樣，而且越來越清晰。緊接著老師解釋道：「其實這些字是事前寫好的，只不過用的不是墨水，而是一種名叫稀硫酸的物質。

那麼，今天我們所做的實驗都與稀硫酸有關，做完實驗後，同學們課下都總結一下，寫一個試驗報告交上來。」

化學小偵探 在地球以外的硫酸

你相信嗎？硫酸不僅存在地球，它也能在金星的上層大氣中找到。這主要出自於太陽對二氧化硫，二氧化碳及水的光化作用。波長短於160奈米的紫外光子能光解二氧化碳，使其變為一氧化碳及原子氧。

原子氧非常活躍，它與二氧化硫發生反應變為三氧化硫。三氧化硫進一步與水產生反應釋出硫酸。硫酸在金星大氣中較高較冷的地區為液體，這層厚厚的、離星球表面約45~70公里的硫酸雲層覆蓋整個星球表面。這層大氣不斷地釋出酸雨。

在金星裡，硫酸的形成不斷循環。當硫酸從大氣較高較冷的區域跌至較低較熱的地區時被蒸發，其含水量越來越少而其濃度也就越來越高。當溫度達300°C時，硫酸開始分解為三氧化硫以及水，這兩個產物均為氣體。

三氧化硫非常活躍並分解為二氧化硫及原子氧，原子氧接著氧化一氧化碳令其變為二氧化碳，二氧化硫及水會從大氣中層升高到上層，它們會發生反應重新釋出硫酸，整個過程又再一次循環。

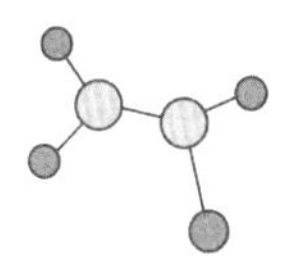

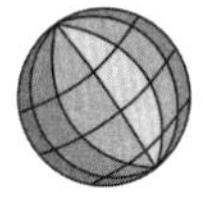

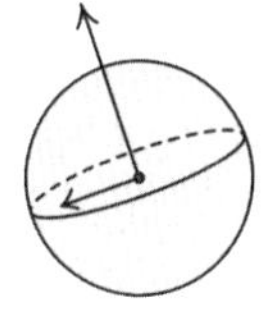

天降神火，揭開自燃之迷

古時候，有一個叫張生的人，有一次，他去二十里外的李家鎮趕集。由於古代交通工具不發達，有錢人就騎驢或騎馬，而沒錢的則步行。

張生一家七口，擠在一個破屋子裡，窮得叮噹響，所以就步行去集市，並準備把自家老母雞下的蛋換成糧食，來維持生計。

張生到了集市後，等了好久，都沒有人願意找他的雞蛋，等到了下半晌，他才把雞蛋換出去，換到了糧食，張生就急忙往家裡趕，要不然天黑就到不了家了。

下半晌，太陽辣辣的，加上口乾舌燥，實在走不動了，張生就在一個爛草堆下坐著休息。還不到一刻鐘，張生突然覺得灼熱難當，雖然這天很熱，但也不至於讓自己灼熱啊！正當張生疑惑之際，他看見了旁邊的草堆著火了，而且火勢很大。這可把張生嚇了個半死，草堆在荒郊野外，四周杳無人煙，怎麼會著火，肯定是觸犯了那位仙人，惹得他降天火了。想到這，張生一溜煙跑回家後，被嚇得一病不起。

其實，這不是仙人降什麼天火，而是草堆長期不動，又加上高溫，所以引起了自燃。

可燃物質在沒有明火作用的情況下發生燃燒的現象叫做自燃，發生自燃的最低溫度叫自燃點。當可燃物和與之混合的助燃性氣體配比改變時，可燃物自燃點也隨之改變，混合氣配比接近理論計算值時，自燃點最低；混合氣中氧氣濃度增加時，自燃點降低；壓力愈大，自燃點愈低。

可怕的人體自燃

1776年一位名叫巴塔利亞的醫生，記載了他曾為一個自燃案例生還者治療的記錄：

一天，義大利教士貝多利在姐夫家裡祈禱時，突然著火焚燒。目擊者說貝多利獨自在房中祈禱，過了幾分鐘，突然傳出教士痛苦的呼叫聲，家人察看時，看見貝多利躺在地上，全身被一團小火焰包圍，但上前察看時，火焰便逐漸消退，最後熄滅了。

次日，他被送到巴塔利亞醫生處檢查，醫生發現他右臂

的皮膚幾乎完全脫離肌肉，吊在骨頭上，肩膀至大腿的皮膚也有損傷，右手已開始腐爛。在四天的治療裡，貝多利一直發燒，全身抽搐，不斷嘔吐，陷於譫妄狀態，最後在昏迷中死去。

最可怕的是貝多利在死亡前已發出腐肉似的惡臭，而且有蟲從他身上爬出來，他的指甲也脫落了。奇怪的是，他的襯衫雖然燒成灰燼，袖口卻完整無缺，放在襯衫和肩膀間的手帕亦未燒著，褲子也完好無損，帽子完全焚毀，頭髮卻一根也沒有燒焦。

人體自燃現象，很多科學家都在探索研究，但至今仍是個謎。

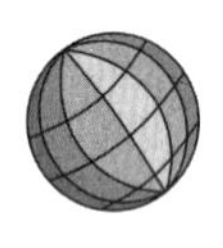

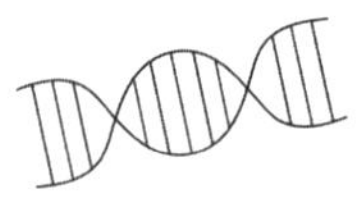

天空變成綠色，絕非奇談

有一首歌是這樣唱的：「藍藍的天上，白雲朵朵。」藍天白雲一直是我們大腦裡的印象，可有一幅畫卻把天空「畫」成了綠色，千萬不要以為是畫畫之人用錯了顏色，其實這只是發生了化學反應。

偉偉的爸爸去外地出差，剛好碰到當地的一個拍賣會，偉偉爸爸是一個古畫愛好者，於是花高價買了兩幅古畫。

拿回家裡，偉偉和爸爸一起欣賞時發現，這兩幅古畫的畫面上，天空都被染成了綠色。天空怎麼會是綠色的呢？難道那時候天空真的是這種顏色嗎？可是，從文學作品的描繪中可以看出，那時的天空也是蔚藍色的，像大海一樣的顏色呀！那麼，是當時畫家的一種時尚嗎？還是畫家在跟咱們變魔術？偉偉和爸爸都百思不得其解。

這時候，偉偉想起了鄰居家學畫畫的大哥哥，就飛也似

的跑出去詢問，可他支吾半天也沒有說出個所以然來。

後來，還是偉偉的化學老師解出了這道難題：當時，畫家們繪畫所使用的藍色顏料，是一種叫「銅藍」的礦石，可是時間長了，它發生了化學反應，就變成綠色的了。

偉偉聽了老師的講解，連忙回家找爸爸，迫不及待地告訴爸爸「綠色」天空的奧妙。

化學小偵探

銅藍：普藍的另類別稱

普藍全稱為普魯士藍，又叫鐵藍或銅藍，是17世紀時發明於德國的合成顏料。

普藍的著色力十分強，色彩透明而寒冷，耐光力也很好，是非常重要的藍色繪畫顏料，可和黃色拼混出各種綠色，但普藍的弱點是極不耐鹼，遇到鹼性物質時其色彩就會分解褪色成棕褐色。

儘管自酞青藍發明以後已經逐漸取代普藍成為主要的藍色，但作為價格低廉的傳統顏料，普藍仍然是常用的深色油畫顏料之一。

主宰雞蛋沉浮的咒語

經驗告訴我們，把生雞蛋放到水裡，雞蛋會下沉，但有一位「魔術大師」居然能操縱雞蛋，讓它上浮就上浮、下沉就下沉，就像魔法一樣。然而，大家千萬不要認為這個「魔術大師」真會魔法，事實上，只要你掌握了其中的奧祕，你也可以讓雞蛋上下沉浮。

有一年過年放假，小文去城裡的表哥家，因為表哥會的東西可多了，所以小文這次來探望姑媽是其次，讓表哥講新鮮東西才是主要目的。可是令小文失望的是：到了表哥家，姑媽說表哥去找同學了，明天才能回來。

看到小文失望的樣子，姑媽拍了拍小文的頭：「既然是來看我，表哥不在家你怎麼失望成這樣。你這臭小子，肯定是又來纏你哥變『魔術』吧。」

小文嘿嘿地笑著，原來姑媽早就知道啊，明明知道我要來，那為什麼還不把表哥留住，哼！正當小文想著這些的時候，姑媽領著一個和小文差不多大的男孩出來了，「來，介紹一下，這是鄰居小軍，和你表哥一樣也會變『魔術』，我特地把他找來陪你，你們倆一起先玩吧。」姑媽介紹完就去忙自己的了。

姑媽說的還真沒錯，小軍真的會變魔術。小軍從自己帶的包裡掏出一只大玻璃杯和一個裝有液體的玻璃瓶，又從姑媽家廚房裡拿了一個生雞蛋，就開始變起魔術來。小軍說這叫「誰主沉浮」。

只見小軍把瓶裡的液體倒入大杯子中，然後把雞蛋放進去，小軍嘴裡說著下沉，奇怪的是雞蛋就下沉了，可不一會兒，小軍說浮起來，雞蛋又浮了上來。這樣反覆了好幾次，神了，雞蛋能聽小軍的話，小文看得都呆了。

其實那瓶溶液是稀鹽酸，雞蛋外殼遇到稀鹽酸時會發生化學反應而生成二氧化碳氣體，二氧化碳氣體所形成的氣泡緊緊地附在蛋殼上，產生的浮力使雞蛋上升。當雞蛋升到液面時氣泡所受的壓力變小，一部分氣泡破裂，二氧化碳氣體向空氣中擴散，進而使浮力減小，雞蛋又開始下沉。

當沉入杯底時，稀酸繼續不斷地和蛋殼發生化學反應，又不斷地產生二氧化碳氣泡，進而再次使雞蛋上浮。這樣循環往復上下運動，最後當雞蛋外殼被鹽酸作用光了之後，反應停止，雞蛋的上下運動也就停止了。但是此時由於杯中的液體裡含有大量的氯化鈣和剩餘的鹽酸，所以最後液體的比重大於雞蛋的比重，因而，雞蛋最終浮在液體上部。

小文只不過是看著雞蛋即將上浮或下沉時，適時而變地喊著上浮下沉。

吃雞蛋的學問

雞蛋煮著吃，能較多地保持其營養成分，但煮的時間過長，蛋黃中的鐵離子與蛋白中的硫離子會化合生成難溶的硫化亞鐵。這種硫化亞鐵很難被人體吸收利用，這樣就降低了雞蛋的營養價值。

雞蛋煮熟後，不宜用冷水冷卻，因為這樣雞蛋容易變質。熟雞蛋中的溶菌黴不活躍，而蛋殼氣孔在加熱時擴張，當燙手的熱雞蛋投入水中後，勢必將含菌的冷水吸入，細菌作怪，熟雞蛋容易變質。因此，熟雞蛋不宜用冷水冷卻，冷卻後更不宜保存。

以舊變新，讓古畫復活的傢伙

衣服穿久了就會變舊，不能返新；文具用久了也會變舊不能返新；車子騎得久了也會變舊、變壞……我們印象中的一切都會變舊，都不能把它變成新的，但有一些灰暗的古畫，卻能煥然一新，「復活」起來，這是怎麼回事呢？

樂樂爸爸有一個姓王的同學，是一個大畫家，也是個古畫迷。週六一早，樂樂就跟著爸爸去拜訪這位王叔叔。

一進門，就看見王叔叔在擺弄一些古畫。「叔叔，你在幹什麼？」樂樂好奇地問道。「我在讓古畫復活呀。」叔叔笑著說。樂樂聽了迷惑極了，看了看爸爸，但爸爸沒作聲，示意樂樂繼續看下去。只見王叔叔親手從箱裡拿出了一幅灰暗的、髒兮兮的古畫，展開來，在樂樂面前移動，讓樂樂看清楚這的確是一幅毫無生機的畫兒。這時，王叔叔似乎有意和樂樂開玩笑，他對著一瓶「仙水」深深地吸了一口氣，拿出刷子沾了沾瓶裡的「仙水」掃在畫上……

一段時間以後，那幅灰暗的畫兒果然「復活」了，變得光澤鮮艷、耀眼奪目。樂樂看得目瞪口呆。後來，王叔叔讓樂樂從他的畫箱裡隨意挑選一張古畫，只要沾一下瓶裡的「仙水」，都會「復活」。

「真神奇，這是怎麼回事啊？」樂樂問王叔叔。

「其實，那些古畫是古代人用鉛顏料繪製的，隨著時間的推移，畫色就變得模糊不清、黯然失色。但是，只要用過氧化氫稍稍擦洗一番，鉛顏料就能恢復原有的色澤。」樂樂聽了恍然大悟。

顏料大聚會

鉛白的化學成分是碳酸鉛，做成油畫色覆蓋力較好。鉛白粉常被用來作底子材料。

鉛白非常穩定，若成分不純則久後會發黃、鉛白油畫色乾得快，乾後色層結實。但鉛白有很強的毒性，即使吸入含有鉛白的粉塵也會產生嚴重後果，所以鉛白的研磨會給人帶

來危險。

鋅白的化學成分是氧化鋅，學名鋅氧粉。鋅白粉稍輕於鉛白粉，比鉛白色白，經久不變黃、穩定，乾後色層較堅固。但吃油多，覆蓋力沒有鉛白強，乾得較慢，易脆易裂。

鈦白的化學成分是氧化鈦，是惰性顏料，不受氣候條件影響，有很強的覆蓋力，是近代生產出的顏料。純鈦白顏色乾得快，乾後容易變黃，所以經常和鋅白混合使用。鈦白和鋅一樣有無毒的優點。

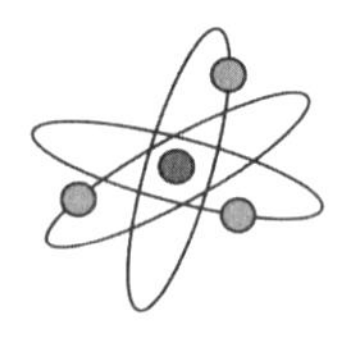

喝水不要錢的房子

小雲的鄰居蓋新房子了，從動工那天，小雲就看著房子一點一點地起來，兩個月後，房子建成了，好氣派啊，小雲在鄰居家裡看來看去，如果再裝修一下，絕對是村裡數一數二的。小雲很是羨慕，「如果我也能住住該多好啊」。

但後來一個奇怪的現象引起了小雲的注意，原來鄰居家的王叔叔每天在房頂上澆水，有一天小雲忍不住了，就問道：「叔叔，你幹嘛每天都給它澆水啊。」「澆澆水，水泥就不會裂縫了。」王叔叔很簡單地回答道。

水泥從輕飄飄的灰綠色的粉末，到變成結實的、硬梆梆的石頭的過程中，是一場複雜的化學反應——水化反應。

水泥的化學成分是矽酸二鈣、矽酸三鈣、鋁酸三鈣、鋁鐵酸四鈣的混合物，它們和水化合，變成水合物。最初，當

人們把水泥和水混合時，這場化學反應只是在水泥顆粒的表面進行。漸漸地，水分深入到水泥顆粒內部去，就形成了一種凝膠體。

水分不能溶解這個凝膠體的小顆粒。時間越久，水化反應越完全，這些小顆粒間的吸力也越來越大，就結成大顆粒，把水從顆粒間「擠」出去。這樣，水泥就越來越硬，密度也越來越大。

化學小偵探 水泥是個好助手

水泥常和沙子、小石子一起用水混合使用——也就是我們平常所說的「混凝土」。隨著生產的向前發展，人們不僅對水泥的需要量一年大於一年，而且對品質的要求也更高了。人們製造了各式各樣的水泥：有「快乾水泥」，在一晝夜之內就變乾；有的水泥五顏六色，不論是築路還是砌房子，五彩繽紛，顯得格外漂亮；也有的水泥顆粒表面包了層有機防水膜，不怕雨，使用時把防水膜弄破，即可凝固；還有的水泥耐酸性很好，是化學工業的好助手；有的能吸收放射性射線，是原子反應堆上的好助手；有的能耐高溫，是煉鋼爐裡的好助手，等等。

鐵棒竟敢搶金子的飯碗

在我們身邊，經常看見鐵製物品，如鐵鍋、鐵軌等等。我們眼中的鐵幾乎都是「黑色」的，然而，有一塊鐵在魔術師的手裡就變成金色的。

阿誠的表哥是化學系的學生，他經常變一些「魔術」給阿誠他們看，於是大家都稱表哥為「大師」。

今年暑假，表哥又來了，阿誠和小朋友都纏著表哥變「魔術」。表哥似乎有所準備，從包裡拿出來一小瓶水，然後找了一根幾釐米長的鐵條，笑眯眯地走到他們中間，「你們看，這是不是普通的鐵條？」阿誠接過來看了看：「沒錯，是鐵。」別的小朋友也拿過去看了看：「嗯，沒問題。」「那麼，現在我就把這塊鐵條變成金條。」

說完，表哥把鐵條放進了那瓶水裡，擺來擺去，最後把鐵條從水中取出。阿誠他們看了，情不自禁地鼓起掌來：鐵

條變成金條了——金光閃閃，耀眼奪目。小朋友都向阿誠投去羨慕的目光，阿誠的表哥真神奇！

表哥看著阿誠他們，揭開了謎底：「其實，這水不是普通的水，裡面放了膽礬。」

膽礬在常溫常壓下很穩定，不潮解，在乾燥空氣中會逐漸風化，加熱至45℃時失去二分子結晶水，110℃時失去四分子結晶水，150℃時失去全部結晶水而成無水物。無水物也易吸水轉變為膽礬，常利用這一特性來檢驗某些液態有機物中是否含有微量水分。將膽礬加熱至650℃高溫，可分解為黑色氧化銅、二氧化硫及氧氣。

化學小偵探 膽礬的毒性

膽礬中主要成分為硫酸銅，誤服、超量均可引起中毒。硫酸銅能刺激傳人神經的衝動經迷走及交感神經傳導至延髓的嘔吐中樞。由於反覆劇烈的嘔吐，可致脫水、和休克，同時損害胃黏膜，甚至造成急性胃穿孔。

硫酸銅溶液局部有很強的腐蝕作用，能使口腔、食管、胃腸道的黏膜充血、水腫、潰瘍和糜爛。銅也是一種神經肌肉毒，當銅進入人體後，可有全身中毒症狀，損害肝、腎，引起脂肪變性和壞死，對中樞神經先興奮後轉為抑制。

茶水變墨水

在日常生活中，我們經常喝茶，有龍井、玉觀音、菊花，等等，茶水顏色各式各樣，但沒有一種茶水是黑色的。可下面這杯茶水卻變成了黑色，難道連茶水也黑心了嗎？

魔術大師在表演「茶水變墨水」這個節目時，是這樣操作的：他先拿出兩杯茶葉水，在觀眾面前晃來晃去，讓觀眾仔細地看了看。為了展示他的偉大「魔力」，他經常還會隨便叫上一位觀眾，讓他們仔細品嘗一下，確認是茶水。

而後又開始隨著音樂踱來踱去，似乎在採集天地之靈氣。當把觀眾的胃口吊到極致以後，魔術大師便開始操作了。只見他對著這杯茶水吹上兩口「仙氣」，又對著那杯茶水吹上兩口「仙氣」，而後把兩杯茶水放在一起，搖一搖，一會兒，杯裡的水變成了黑色……頓時台下一片掌聲。

「真是太奇妙了，想不到幾分鐘內，一杯茶葉水變成了一杯墨水。」有的觀眾嘖嘖稱道。

其實，並不奇怪，魔術大師並非有真正的魔力，而是他在水裡做了「手腳」，將其中的一杯放了綠礬。

因為茶水裡含有大量的單寧酸，當單寧酸遇到綠礬裡的亞鐵離子後立刻生成單寧酸亞鐵，它的性質不穩定，很快被氧化生成單寧酸鐵的絡合物而呈藍黑色，進而使茶水變成了「墨水」。

綠礬在養花中的作用

養花加入少量的硫酸亞鐵（俗稱綠礬），用以提高盆土的酸度，進而滿足植物生長的需要。適於添加硫酸亞鐵的花卉有：觀花類如山茶、茶梅、杜鵑、瑞香、君子蘭、菊花、梅花等；觀葉類如鐵樹、腎蕨、龜背竹、春、羽、橡皮樹、羅漢松、五針松。

但需要注意的是，如果硫酸亞鐵因保存不善由藍綠變成棕色時，此時的硫酸亞鐵已氧化成硫酸鐵，而無法為花卉植物吸收利用。

「豆漿」變清水

法國有一位不太出名的化學研究者，想利用鋁來煉製一種新物質。他一有空，就在簡陋的實驗室裡做試驗，他利用鋁的各種鹽與其他物質混合，希望能有所收穫。

有一次，他又在做試驗，他先在一支試管裡放入少量的明礬並加入水，晃了晃，嗯，還很清亮。接著他又加入一點燒鹼片，頓時變得渾濁起來，像是豆漿的顏色一樣。「咦，怎麼成豆漿了」，正當他再準備加入別的物質時，發現「豆漿」居然變清了，像變魔術似的。

這下，他像發現了新大陸似的，又重複地做了一遍，還和剛才的現象一樣。後來經過研究，他才明白明礬的水溶液與燒鹼發生反應，先生成乳白色的氫氧化鋁，然後氫氧化鋁與燒鹼繼續發生反應生成無色的偏鋁酸鈉，所以「豆漿」就

又變清了。

真正的豆漿

上述故事中，我們講的豆漿並非生活中的能喝的豆漿，它是一種化學物質：氫氧化鋁。

在生活中的豆漿可是有「經濟牛奶」之稱，營養價值高。關於豆漿的起源，要追溯到2000年前了。現磨豆漿是1900多年前的西漢淮南王劉安製作的，所以說已經有接近2000年的歷史。

那麼是怎麼想到造現磨豆漿的呢？那就是因為：相傳劉安是個大孝子，他的母親在患病期間，劉安每天都會用泡好的黃豆磨成的豆漿給母親喝，後來劉母的病很快就好了。從此以後，豆漿就漸漸在民間流行開來。

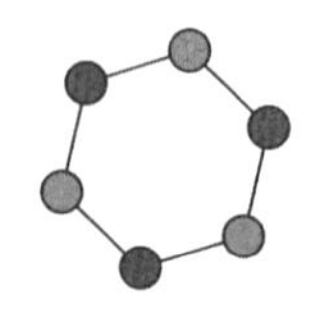

在那桃花盛開的地方

小嚴新學了一個魔術，急著給夥伴小蓮表演，她對小蓮說：「我能變出挑花盛開的景象。」

小蓮懷疑的說：「我不相信！」

這時小嚴不慌不忙的拿出一個插在蘿蔔上的掛滿濕紙花的小樹枝，並立在桌子上，然後快速用一個透明的廣口大玻璃瓶將紙花扣住。

倒扣的大玻璃瓶裡馬上發生了奇異的變化，小樹枝上的白紙花逐漸變成粉紅色，而且顏色越來越深，越來越鮮艷，最後變成妖艷欲滴的粉紅花朵，宛如朵朵桃花盛開。

「啊！真的好漂亮啊！妳是怎麼做到的呢？」小蓮趕緊問。

「其實，我在表演之前，將少許酚酞用清水勾兌成酚酞溶液，然後裝到小噴壺裡備用。接下來，我將衛生紙撕成小

片，折疊成小紙花，用細線捆紮在小樹枝上。再把小樹枝固定在白蘿蔔上，用裝有酚酞溶液的小噴壺向紙花上噴水，直到小紙花全部浸濕」。

「然後呢？」小蓮焦急的問。

「接下來，用玻璃棒在白蘿蔔上面扎幾個小坑，滴入幾滴濃氨水，之後儘快用大玻璃瓶嚴密地倒扣起來。其實，酚酞是一種結構較為複雜的有機化合物，在鹼性溶液中與氫氧根離子結合成一種顯紅色的結構。

瓶中揮發出來的氨氣，遇到酚酞溶液中的水，變成一水合氨，呈鹼性，與水作用生成氨水，具有鹼性，使酚酞變紅色。在密閉的玻璃瓶裡，濃氨水揮發，使浸透酚酞溶液的白紙花變成嬌艷的『桃花』！」

「哦！原來如此。」小蓮終於明白了。

化學小偵探
酚酞的用途

1. 製藥工業醫藥原料：適用於習慣性頑固便祕，有片劑、栓劑等多種劑型。

2. 用於有機合成：主要用於合成塑膠，特別是合成二氮雜萘酮聚芳醚酮聚芳醚酮類聚合物，該類聚合物由於具有優良的耐熱性、耐水性、耐化學腐蝕性、耐熱老化性和良好的加工成型性，由其製成的纖維、塗料及複合材料等很多被廣泛應用於電子電器、機械設備、交通運輸、宇航、原子能工程和軍事等領域。

3. 用於鹼指示劑，非水溶液滴定用指示劑，色層分析用試劑。

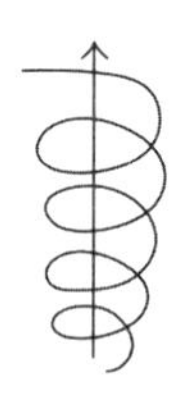

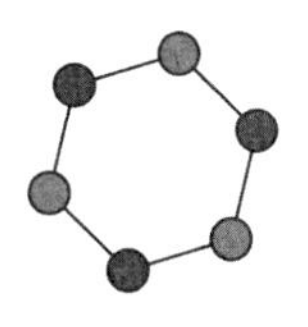

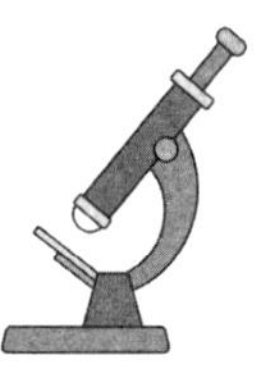

氯化銨——最佳防火能手

一位魔術大師在表演完燒手絹的魔術後，又表演了一個節目：

隨著音樂的響起，魔術大師便跟著節奏動了起來，只見他拿出一塊普通的棉布用火柴一點，頓時棉布便燃燒起來，燒到一半時，魔術大師跳著舞步把火踩滅，然後把燒剩下的那塊棉布浸在一盆水裡，片刻之後取出。

在晾乾的過程中，魔術大師邁著貓步在台上走來走去，還時不時地向棉布上吹上兩口「仙氣」。一會兒棉布晾乾了，魔術大師讓坐在前排的觀眾看看棉布，並作一下證明：棉布是否乾了。

「沒錯，乾了。」前排的人證實後，魔術大師才掏出火柴點燃棉布。

但奇怪的是，這次棉布不但點不著，還冒出白色的煙霧。觀眾都納悶了，剛才還能點著，怎麼放在水裡然後晾乾就點不著了呢？燒手絹時，手絹燒不壞可能因為手絹是濕的，而現在可是乾的啊，難道是那盆水有問題？

不錯，其實那不是水，而是氯化銨溶液，棉布被氯化銨溶液浸泡後便變成防火布了，晾乾後，這種經過處理的棉布（防火布）的表面附滿了氯化銨的晶體顆粒。

氯化銨這種化學物質，它有個怪脾氣，就是特別怕熱，一遇熱就會發生化學變化，生成的物質是兩種氣體，它們會把棉布與空氣隔絕起來，棉布在沒有氧氣的條件下當然就不能燃燒了。當這兩種氣體保護棉布不被火燒的同時，它們又在空氣中相遇，重新化合而成氯化銨小晶體，這些小晶體分佈在空氣中，就像白煙一樣。

實際上，氯化銨這種化學物質是很好的防火能手，戲院裡的舞台佈景、艦艇上的木料等，都經常用氯化銨處理，以求達到防火的目的。

化學小偵探
氯化銨的用途與儲存

氯化銨主要用於選礦和鞣革、農用肥料。用作染色助劑、電鍍浴添加劑、金屬焊接助溶劑。也用於鍍錫和鍍鋅、醫藥、製作蠟燭、黏合劑、滲鉻、精密鑄造和製造乾電池和

蓄電池及其他銨鹽。

氯化銨應儲存在陰涼、通風、乾燥的庫房內，注意防潮。避免與酸類、鹼類物質共儲混運。運輸過程中要防雨淋和烈日曝曬。裝卸時要小心輕放，防止包裝破損。失火時，可用水、沙土、二氧化碳滅火器撲救。

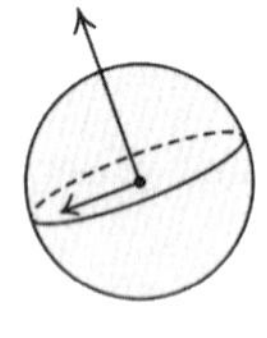

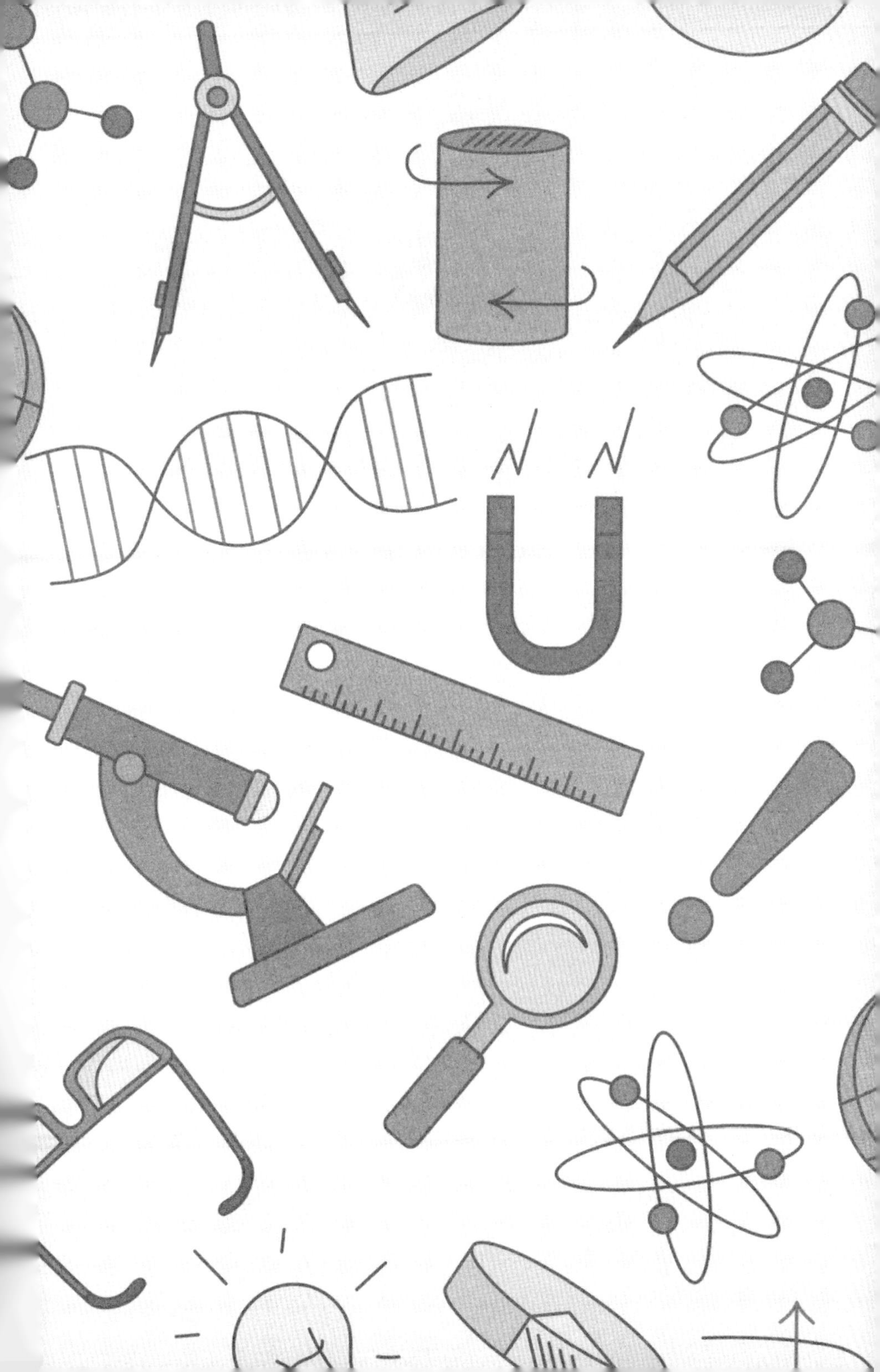

從小就有智慧的眼睛：化學騙局

老財主的黃金夢

「這不可能，這金光閃閃的，怎麼可能不是黃金呢？」

「您拿來的確實不是黃金。」

「什麼！這不可能，這不可能......」說完，此人暈到了。

事實上，這種假冒黃金的傢伙是黃鐵礦，主要成分是二硫化鐵。它金光閃閃，長得很像黃金，因此有人就拿它去行騙，結果還真有人上當

很久以前，一個貪心的老財主，一心想有朝一日自己的屋裡堆滿黃金，這樣的話自己一輩子不用忙碌，連子孫也不愁吃不愁穿呢。可是，到哪裡去弄這些黃金呢？他整天為這事兒愁眉苦臉。

有一天，來了一位老道，他自稱自己發現了很多黃金，但他乃出家之人，不貪戀富貴，只要有人能出100兩黃金讓

他去修廟，他就把「寶藏」的地址告訴他。

老財主聽說了覺得很划算，就給了老道100兩黃金，老道也很「守信用」，果真把老財主帶到了「寶藏」的藏身之地。

老財主一看岩石上，山谷中都金光閃閃，心想這下賺大了。於是他就派人把守，而自己每天帶著家人去揀黃金。

每一次，他都在心裡情不自禁地說：「真是老天有眼啊！」時間一天又一天過去，他屋子裡果然堆滿了「黃金」。

後來，他小心翼翼地拿出一塊「黃金」到珠寶店去換錢，可是，珠寶店的老闆一看，立即把它拋到了地上：「這根本不是什麼金子，是一種鐵礦石！」財主一聽，暈了過去……

化學小偵探 會騙人的「愚人金」

黃鐵礦因其淺黃銅的顏色和明亮的金屬光澤，常被誤認為是黃金，故又稱為「愚人金」。如何識別「愚人金」和真正的黃金呢？

只要拿它在不帶釉的白瓷板上一劃，一看劃出的條痕（即留在白瓷板上的粉末），就會真假分明了。金礦的條痕是金黃色的，黃鐵礦的條痕是綠黑色的。

另外，用手掂一下，手感特別重的是黃金，因為自然金的比重是15.6～18.3，而黃鐵礦只有4.9～5.2。還有，放在稀鹽酸裡泡一泡，真金是不會冒泡的。

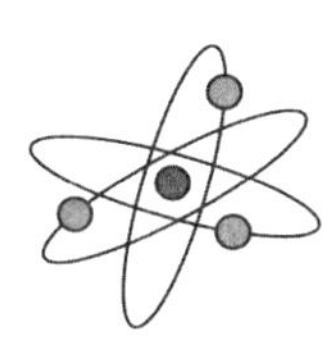

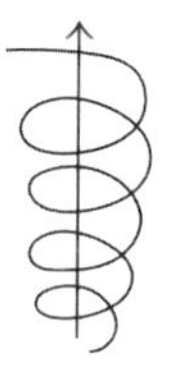

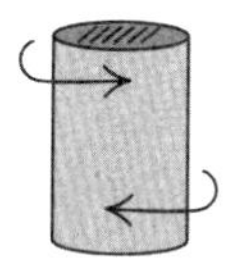

能燃燒的糖果

我們都吃過糖果，對糖果都很熟悉，但對糖果能燃燒可能就不熟悉了，但有人卻能將糖果點燃，這裡面的玄機究竟在哪裡呢？

小飛出生在一個貧窮的小山村。有一年，村子裡鬧旱災，應村裡老先生、老太太們的委託，村裡一位自稱是龍王附體的中年婦女和村民們一起前去山裡求雨。剛好是週末，小飛也跟著湊熱鬧去了。

只見中年婦女身穿道袍，手拿「魔杖」，嘴裡念叨著一連串聽不懂的祈禱語。突然，中年婦女從供台上拿了一塊糖，讓跪在前面的一個老頭剝開，然後點著，老頭左點右點，那糖果就是燒不起來。中年婦女對他說：「老人家，求雨要有百分百的誠意，心不誠則不靈。」於是中年婦女又讓自己的徒弟試一試，只見他的小徒弟一手提著香煙，取出一根火柴，只輕輕一擦，然後往上一點，那糖果「哧」地冒出了火花。

中年婦女大呼：「通往天庭的聖火，你快快將此稟報龍王，早日降雨於眾生靈。」

跪拜的人都跟著中年婦女一起呼喊起來。殊不知，這裡面藏著見不得人的手腳——徒弟右手即擦火柴又捏著香煙，只是輕輕一抖便把煙灰抖到糖果上，而煙灰裡含有金屬鋰。

鋰在其中起的是催化作用，化學上叫做催化劑，工業上叫做接觸劑或觸媒。催化劑在化學反應前後，本身的品質和化學性質都不改變，然而它卻能改變（加快或減慢）反應的速度。

糖果再燃燒

我們來做一個有趣的實驗：

拿一個打火機、蠟燭、一個草莓口味硬糖、一個夾子、一些煙灰，準備工作做好了，我們就開始做實驗了。

我們可以先把蠟燭點燃，用夾子夾住糖，把糖在火上烤一會兒，看到糖上面有一點「水」的時候，我們將煙灰灑在糖上面，又把糖放在火上烤，突然奇蹟出現了，糖就能燃燒起來了。

可是，糖為什麼能燃燒呢？

原來糖是一種含碳的化合物，只要給它提供一個適當的條件，比如一定的溫度、充足的氧氣或者合適的催化劑，就可以燃燒啦！

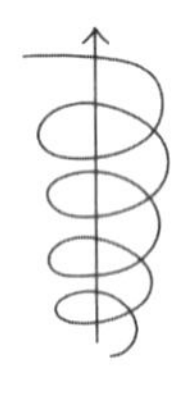

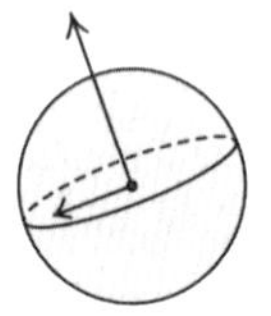

守財奴被騙了

「太神奇了，銀子變成了金子，看來我要發財了啊！」這是張員外興奮之際說的話。

「哎！我的金子啊！都被騙子騙走了！」這是張員外被騙之後的無奈的話。

有人企圖把石頭變成金子，所以四處拜師以求學到「點石成金」之術，結果一無所獲；而有人卻想將銀子變成金子，結果又會怎樣呢？

北宋年間，山東有個張員外，家中有許多銀子，但他卻吝嗇至極，人送綽號「守財奴」。一日，張員外府上來了個道士，自稱曾拜異人為師，學得「點銀成金」之術因張員外祖上積善有德，命中註定要發財，故特來獻寶。

只見道士從袖中取出一塊銀子，將其投入一只焰火正熾的炭盆。幾個時辰過去後，道士撥開灰燼，從中拿出一塊黃

澄澄的金子。張員外見了大喜，將家中的銀子悉數交給道士，請他煉製黃金。

第二天，張員外一早去叩道士的門，企圖拿到更多的黃金，不料道士卻將銀子全部捲走，員外一氣之下身亡。

原來，這是道士利用汞玩的把戲。汞是常溫下唯一呈液態的金屬，也是金屬的中文名稱中唯一沒有「金」字偏旁的。汞極易與金屬結合成合金——汞齊（「齊」是古代對合金的稱號），因此被譽為「金屬的溶劑」。

那位道士便是利用金溶解於汞中形成的金汞齊來冒充白銀，汞在炭盆中受熱蒸發後，留下來的便是黃澄澄的金子了。

化學小偵探 小貓為何要自殺

20世紀50年代，在日本水俁地區出現了一種奇怪的現象，許多小貓嚎嚎亂叫，紛紛跳到海裡「自殺」了。許多人都不明白是怎麼回事，小貓竟然也自殺。

後來許多小孩出現手臂和腿部癱瘓，一些大人神經失常，坐立不安，原來他們生病了。日本人稱此類病症為「水俁病」。

後來，經科學家研究發現，「水俁病」是由於一家工廠排放的污水中含有有機汞，使得魚、蝦體內積聚了高濃度的汞。人和貓吃了這些魚蝦後，汞中毒而患上了「水俁病」。

在人類歷史上就曾發生過多起類似汞中毒事件：據說俄國沙皇格羅茲內曾因關節痛，長期使用汞軟膏而變得脾氣暴躁，反覆無常，最後眾叛親離，被兒子殺死；19世紀，在使用金汞齊給聖彼德堡大教堂鍍金時，有60多名工人因汞中毒而慘死。

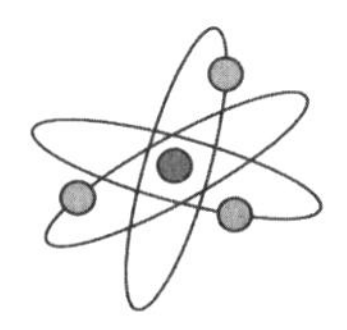

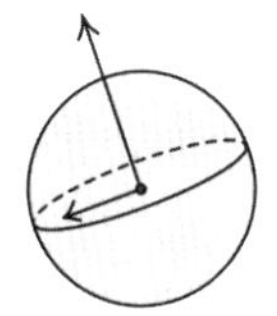

白紙變成鴛鴦圖！是誰在搗鬼

明明就是沾一下張白紙，可是在水裡泡上幾分鐘，竟然變成了一幅栩栩如生的鴛鴦嬉水圖。很難相信吧！那就讓你親眼看看。

小新的村子裡來了一位自稱「無所不知、無所不能」的人。有一對年輕人打算結婚，於是請來他來為自己算一下生辰八字。

「你們看，這是不是一張白紙？」那人舉起一張「白紙」請這對年輕人驗證。

年輕人仔細看了看：「嗯，的確是一張白紙。那我們的婚姻到底合不合呢？」

那人笑著說道：「別著急，再驗證一下這盆清水，一會兒就見分曉。」

年輕姑娘用手指沾了點水嘗了嘗，默許後，那人開始把那張白紙輕輕地浸到了水中。

「你看，合與不合馬上要顯現出來了！」話剛說完，只見那白紙上出現了一湖水，一對鴛鴦正在嬉水，湖邊放著各式各樣的鮮花。

「好了，你們真是天造地設的一對，放心結婚吧！」

小新迷惑了：明明是一張白紙啊，怎麼放在水裡就有圖案了呢？帶著這個問題，小新請教了老師。

原來，那畫是用硼酸勾兌成墨水畫成的，墨汁乾了就看不見畫了，放到水裡就又會顯現出來。

能殺蟲子的硼酸

硼酸曾被美國國家環境保護局當作控制蟑螂、白蟻、火蟻、跳蚤、蠹魚和其他害蟲的殺蟲劑，硼酸會影響牠們的新陳代謝並且會腐蝕掉牠們的外骨骼。

硼酸可以做成含有引誘劑（砂糖等）的餌殺死昆蟲，直接用乾燥的硼酸也有同樣的效果。

如果用直接用硼酸的話，那些硼酸可能會跑進地板的裂縫，而當昆蟲走過裂縫時，牠們的腳上便沾有硼酸，當牠們在整理自己的時候（用嘴舔舐）就會吃進硼酸，這樣，就會讓牠們在三到十天內死亡。

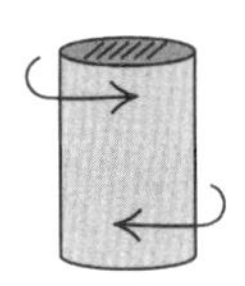
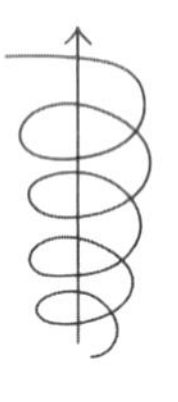

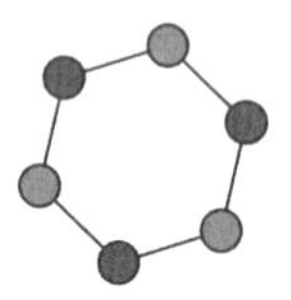

冷冷相遇，變成熱

小輝想修房子，為了節省開支，打算自己刷牆。當時，小輝從石灰廠買來生石灰，然後把它倒入用沙子砌成的水池裡，生石灰一遇到池裡的冷水便「滋滋」作響，一會便「咕嘟，咕嘟」地冒泡，放到一定量的時候就會沸騰起來。

這讓小輝百思不得其解，這時朋友小李給他找了一個人叫趙越，說這個人會幫你解決的。小輝給了趙越一些錢，趙越來到屋裡轉了一圈，意味深長的說，這是一個好的兆頭，對你有利，如果不響就不是好兆頭了，所以，如果你遇到不響的時候，就要停工待上一陣子。小輝一聽，忐忑的心裡一下子就平復了許多。

事實上，趙越欺騙了小輝，這種現像是有科學依據的，是生石灰與水發生了化學反應，並放出了大量的熱量，所以

會沸騰而「咕咕」作響。

生石灰與水的反應方程式為：$CaO+H_2O=Ca(OH)_2$，人們刷完牆後，往往在屋裡生一盆炭火，這樣會使牆乾得快，而且牆也會變白，這其中的原因是：炭火燃燒生成CO_2，CO_2與$Ca(OH)_2$發生化學反應生成白色的$CaCO_3$並吸收熱量。反應方程式為：$Ca(OH)_2+CO_2=CaCO_3\downarrow+H_2O$。

事實上，生石灰放到冷水裡變成熟石灰，在這個過程中產生的熱量足以煮熟生雞蛋。

化學小偵探
搞清楚「石灰家族」

生石灰是CaO，熟石灰是$Ca(OH)_2$，石灰石是碳酸鈣。蓋房子用的是熟石灰，而不是生石灰，因為如果直接用生石灰，在建好後遇到雨水會與水反應變成熟石灰，進而使牆面破裂出許多坑窪；熟石灰暴露於空氣中，吸收CO_2變為$CaCO_3$，即石灰石，才具有一定硬度。

燃燒吧！冰塊

冰塊可以燃燒，這會使人驚奇，而更使人驚奇的是不用火柴和打火機，只要用玻璃棒輕輕一點，冰塊就立刻燃燒起來，而且經久不息息。

阿德跟郁文說：「我能用玻璃棒點燃冰塊，你相信嗎？」

「當然不信啊！」郁文不相信的回答。

「那我們來打賭，如果我辦到了，你就要請我吃大餐！」

「好，沒問題。」

接下來阿德開始了他的表演。只見趙文先在一個小碟子裡倒上1～2小粒黑褐色固體，然後輕輕地把它研成粉末，再滴上幾滴液體，用玻璃棒攪拌均勻。然後，他在冰塊上事先放上一小塊電石，然後用玻璃棒輕輕往冰塊上一觸，冰塊馬上就會燃燒起來，而且經久不息。

郁文覺得不可思議，但冰塊真的燃燒了，就這樣郁文認

輸了。

事實上，這是阿德給郁文施的小把戲。其實，黑褐色固體就是高錳酸鉀，滴那幾滴液體是濃硫酸，這樣沾有這種混合物的玻璃棒，就是一支看不見的小火把，它可以點燃酒精燈，也可以點燃冰塊。

在冰塊上事先放上一小塊電石，是因為冰塊上的電石能和冰表面上少量的水發生反應，這種反應所生成的電石氣是易燃氣體。

由於濃硫酸和高錳酸鉀都是強氧化劑，它足以把電石氣氧化並且立刻達到燃點，使電石氣燃燒。

另外，由於水和電石反應是放熱反應，加之電石氣的燃燒放熱，更使冰塊熔化成的水越來越多，所以電石反應也越加迅速，電石氣產生的也越來越多，火也就越來越旺。

化學小偵探 帶有大蒜味的電石

電石的主要成分是碳化鈣，為無色透明晶體，帶有大蒜味，不溶於任何媒介。

通常我們所說的電石是指工業碳化鈣而言，它是在電石爐中用焦炭和石灰而製得。

電石的熔點隨電石中碳化鈣含量改變而改變，純碳化鈣的熔點為2300℃。

電石能導電，其導電性能與電石純度有關。碳化鈣含量越高，導電性能越好。反之，碳化鈣含量越低，導電性越差。電石的導電性與溫度也有關係，溫度越高，導電性則越好。

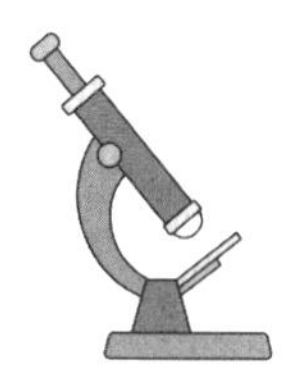

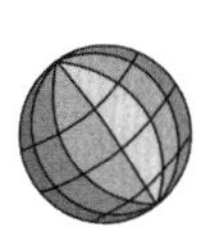

靈犀一指，蠟燭滅而復燃

用手指輕輕一彈，蠟燭就能自己燃燒，聽起來是不是很不可思議，但是有人卻做到了。今天小松村子裡是廟會，賣衣服的、賣食物的、賣雞賣鴨的都蜂擁而來，其中還有一個賣藝的。

小松跟爸爸要了2塊錢就買票去看賣藝的表演去了。

只見場地中間擺放了一張桌子，桌子上一支蠟燭在燃燒著。賣藝的小夥子輕輕地走到桌前，一口氣把燃燒的蠟燭吹滅後，立即伸出一隻手，用手指輕輕地一彈，嘿，奇蹟出現了，原來只有嫋嫋煙霧的蠟燭又「啪」的一聲燃了起來……

如果把那蠟燭再次吹滅的話，賣藝的小夥子只要一伸手，那蠟燭還會立即自燃。這讓小松驚歎不已，一回到家裡，小松就把爸爸叫到跟前，學著賣藝人的樣子為爸爸表演起來。可不管怎麼指，蠟燭就是不會燃燒，小松有點失落。

爸爸見狀，忙笑著說：「其實讓熄滅的蠟燭重新自燃的祕密是指甲裡暗暗地塞了硫磺粉，硫磺粉稍遇到熱就會立即燃燒，所以蠟燭就能重新點著。你指甲裡什麼都沒有，當然點不著。」

小松聽了恍然大悟，原來並沒有如此神奇的人，所有的一切都是利用了科學。

硫磺小常識

硫磺是無機農藥中的一個重要品種。商品為黃色固體或粉末，有明顯氣味，能揮發。硫黄水懸液呈微酸性，不溶於水，與鹼反應生成多硫化物。硫黄燃燒時發出青色火焰，伴隨燃燒產生二氧化硫氣體。用於防治病蟲害時常把硫磺加工成膠懸劑。

它對人、畜安全，不易使作物產生藥害。硫黄（硫黄粉）也是輕重工業和國防軍工生產的重要原料，用於製造酸、染料、橡膠製品、火柴、炸藥等，還用於醫藥、農業、製糖等工業。

恐怖時刻——布娃娃竟然流血了

只有有生命的物質才可能有血液，但我們身邊通常可見的玩具布娃娃竟然被扎出「血」來了，這是恐怖電影嗎？

小明的爺爺生病了，奶奶從鄉下請來一個「師婆」，為爺爺看病。只見「師婆」繞著爺爺走了兩圈，便對奶奶說：「這位老人被一個女鬼纏身，所以才得病。我明天拿上寶劍來降妖除魔。」

第二天晚上，「師婆」來了，她讓奶奶擺了一張桌子，然後「師婆」將一把寒光閃閃的「寶劍」和一碗「聖水」放在桌子上。桌子旁放一個布娃娃，布娃娃的「衣服」糊的是一層黃表紙。

一切就緒後，「師婆」在口中念念有詞，而後拿起「寶劍」，往「聖水」裡浸一下，立即奮力向女鬼的化身——布娃娃刺去，再用力拔出劍來，果然，「寶劍」和黃裱紙上立即出現了「血跡」。

「師婆」忙完後對奶奶說：「女鬼已經被我降服。」奶奶舒了一口氣，忙點頭稱謝。

其實，「師婆」的劍根本不是什麼「寶劍」，那「仙水」只不過是普普通通的純鹼溶液。草人穿的黃表紙是用天然染料染過，這種染料是從薑黃中提取出來的。劍上沾有純鹼溶液，碰到薑黃這種物質就會發生化學反應，使黃色立即變成了紅褐色，看上去就像血一樣。

化學小偵探

指示劑的歷史

想要瞭解指示劑發展的歷史，就要追溯到17世紀。這種物質在那個古老的年代就已經有許多搞實際工作的化學家在運用了，他們在實驗過程中將植物的汁液（即指示劑）搜集整理漬在一小片紙上，然後再在這種試紙上滴一滴他們所研究的溶液，以此來判斷他們所研究的化學反應的某些性質。

就現今已有的記載看，英國科學家波義耳是第一個把各

種天然植物的汁液用作指示劑的科學家，在這些指示劑中，有的被配成溶液，有的做成試紙，幾乎和我們現在所用的方法完全一樣。

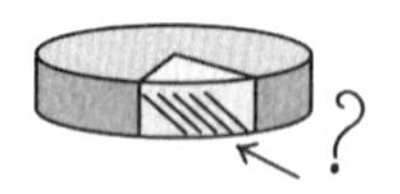

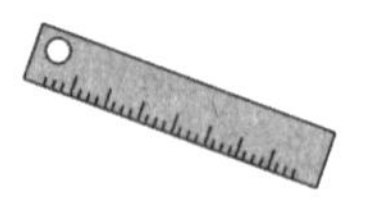

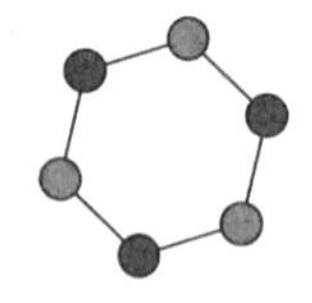

鬼火現身？荒野中「綠眼睛」

夏天的夜裡十分安靜，在一片墓地裡，突然閃現出一種青綠色火焰，一閃一閃，忽隱忽現，十分詭異。隨後，看見的人慘叫一聲，大喊一聲：救命啊！有鬼啊！隨後，趕緊逃命……

相信很多人都遇到過這種毛骨悚然的事。然而，更令人恐怖的是，那火還會跟著人，你跑它也跑，古人認為是鬼魂在作祟，就把這種神祕的火焰叫做「鬼火」。

古時候，有個叫李德的人，有一次和朋友聚會，因貪杯而醉倒在朋友家中，晚上大約十點多，李德在迷迷糊糊中離開朋友家。

經過一片墳墓時，李德突然發現一撮綠油油的火焰跟著

自己，這時，李德醉意全消，嚇得一口氣跑回家中。隔天，李德一病不起。

「鬼火」究竟是怎麼回事呢？其實，這根本不是什麼「鬼火」，而是磷在作怪。原來，人類與動物身體中有很多磷，死後屍體腐爛生成一種叫磷化氫的氣體，這種氣體冒出地面，遇到空氣後會自我燃燒起來，但這種火非常小，發出的是一種青綠色的冷光，只有火焰，沒有熱量。

其實，不管白天還是黑夜，都有磷化氫冒出，只不過白天日光很強，看不見「鬼火」罷了。

為什麼夏天的夜晚在墓地常看到「鬼火」，而「鬼火」還會「走動」呢？因為夏天的溫度高，易達到磷化氫氣體著火點而出現「鬼火」，又由於燃燒的磷化氫隨風飄動，所以，所見的「鬼火」還會跟人走動。這就是曠野上的「鬼火」。

化學小偵探
尿液裡意外所得

我們知道「鬼火」是因為磷的氫化物——磷化氫燃燒形成的，對磷的化合物有了一定的瞭解，那麼，我們對磷是否瞭解，是否知道磷是怎麼發現的呢？

歐洲中世紀煉金術盛行，人們都像發了瘋似的，什麼東西都拿來嘗試煉金。德國漢堡一位叫弗爾朗德的商人偶爾聽人說，用強熱來蒸發人尿能製造出黃金，或者能夠得到點石成金的寶貝。於是，他立即偷偷地收集大量的尿液，然後，在幽暗的小屋裡偷偷地做起試驗。

布朗特做了幾十次甚至幾百次的試驗。有一次，他將尿渣、沙子和木炭放在火中加熱，然後用水冷卻。結果，這次他雖然沒有得到黃金，卻意外地得到一種像白蠟一樣的物質，這種物質在黑暗的小屋裡還一閃一閃地發著亮光。

「這是什麼東西呢？」布朗特非常吃驚。

其實，這種能發出螢光的一小塊白色柔軟的物質，就是白磷。磷在拉丁文意思是「冷光」。

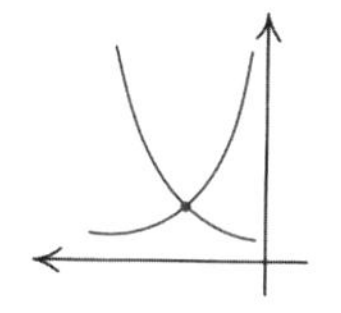

吃喝中的「生活大爆炸」：飲食的故事

水果也早熟！你還敢吃嗎？

在市場上，一位老大媽看著水果攤上誘人的水果，她很納悶，現在還不是蘋果成熟的季節啊，怎麼一個個的都紅彤彤的。

賣水果的說，這叫早熟，老大媽半信半疑。這時旁邊一位大爺插話了，「這哪裡是早熟，如果剛摘下來就熟透，長途販運，豈不早腐爛了。」

老大爺說得對，其實，這些蘋果剛從樹上摘下來的時候，都是青綠色的，這些商販為了賣得好，就在水果上噴了一種起催熟著色的氣體，叫乙烯，能讓青蘋果瞬間變成紅色。

為便於水果儲藏、運輸，將接近成熟期的水果提前採摘，上市銷售前用乙烯催熟是商販們常用的方法。

此方法催熟使用的乙烯一般是微量的，不會對人體造成危害，但如果為了使水果提前上市賣個好價錢，將離成熟期

較遠的青果催熟，則需要大量乙烯，這樣的水果吃了後，日積月累就會對人體有害。

古埃及人的催熟法

古代埃及人的催熟方法看起來更加「傳奇」。他們在無花果結果之後的某一時期，會在樹上劃出一些開口，說是可以讓果實更大，成熟更快。而現代科學研究卻證實這種看起來「傳奇」的做法是合理的。

1972年發表在《植物生理》（Plant Physiology）上的一篇論文證實，無花果結果之後的16~22天，對果樹進行劃傷處理的一小時之內，乙烯的產生速度會增加50倍。相應地，接下來的三天之中，果實的直徑和重量會分別增加到2倍和3倍，而沒有劃傷的則只有小幅度的增加。

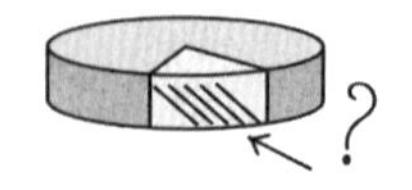

別誤解它，糖精不是糖

提到糖精，有很多人會認為，那不就是糖嗎？你錯了，其實糖精並不是糖。

糖精的學名，叫做「鄰苯甲醯磺醯亞胺」，是一種細小的白色結晶體。糖精不是從糖裡提煉出來的，而是從又黑又臭又黏的煤焦油裡提煉出來的。糖精，就是用煤焦油裡提煉出來的甲苯，經過磺化、氯化、氨化、氧化、結晶、脫水等步驟而製成的。

最早，關於糖精的發明，還有一段故事：

1879年，有一位叫法爾貝里的化學家從實驗室裡回來，沒有洗手就坐下來吃飯。咦，他發現所吃的馬鈴薯格外的甜。

法爾貝里問妻子：「今天妳在馬鈴薯裡加了糖嗎？」

「沒有啊。」妻子回答說，「馬鈴薯並不甜呀。」

「我的馬鈴薯也不甜。」小兒子插嘴說。

法爾貝里有點不相信，他從兒子手裡拿過一個馬鈴薯一吃，咦，竟然是甜的！而他的兒子從他手裡拿過一個馬鈴薯一吃，也是甜的！

這是為什麼呢？於是，法爾貝里連飯也顧不得吃完，就跑回實驗室裡，把當天實驗中曾經用到過的藥品都用舌頭嘗了一下，結果發現：有一種白色的結晶體，具有苦中帶甜的味道。

後來，經過實驗，法爾貝里發明了糖精。

化學小偵探 備受爭議的糖精

1972年，美國FDA根據一項長期大鼠餵養實驗的結果決定取消糖精的「公認安全」資格。

1977年，加拿大的一項多代大鼠餵養實驗發現，大量的糖精可導致雄性大鼠膀胱癌。為此，美國FDA提議禁止使用糖精，但這項決定遭到國會反對，並通過一項議案延緩禁用。1991年，美國FDA根據一些研究結果撤回了禁止糖精使用的提議。但由於上述原因，在美國使用糖精仍需在標籤上注明「使用本產品可能對健康有害，本產品含有可以導致實驗動物癌症的糖精」。在國際上，歐美國家糖精的使用量正不斷減少。

一個饅頭引發的疑問

玲玲看見媽媽在饅頭上「澆水」，就問媽媽是怎麼回事，可是媽媽也不是很清楚，只知道放點「水」饅頭就好吃了，那麼你知道這是怎麼回事嗎？

今天是週末，玲玲不用去上學，但又不知道該做些什麼，就坐在小板凳上發呆。

媽媽在蒸饅頭，快熟的時候，只見媽媽聞了聞，就在上面撒了些「水」，蓋上蓋子又蒸了一會。

無聊的玲玲覺得非常奇怪，就跑過去問媽媽為什麼澆水。

媽媽告訴他，是因為饅頭有點酸，撒上點鹹水再蒸一會兒就不會酸了，具體是什麼原因，媽媽也不清楚。

玲玲就又跑去問爸爸，原來酸鹹可以發生中和反應，饅頭酸時，放點鹼，酸味會消失。饅頭發黃，放點醋即可。

化學小偵探

好看的饅頭最危險

饅頭是一種把麵粉加水、食用鹼等調勻，發酵後蒸熟而成的食品，成品外形為半球形或長方形。味道鬆軟可口，營養豐富，炎黃子孫最親切的食物之一。製作饅頭所需的原料為麵粉、發酵粉、（糖，極少使用）、水、鹼、（青紅絲）。麵粉經發酵製成饅頭更容易消化吸收。饅頭製作簡單，攜帶方便。

然而，有些賣饅頭的商販，為了饅頭潔白好看，就用硫黃熏，這樣看起來非常好看，但對人體是有害的。因為硫與氧發生反應，產生二氧化硫，遇水產生亞硫酸。亞硫酸對胃腸有刺激作用，而且會破壞維生素B_1，又影響鈣的吸收。

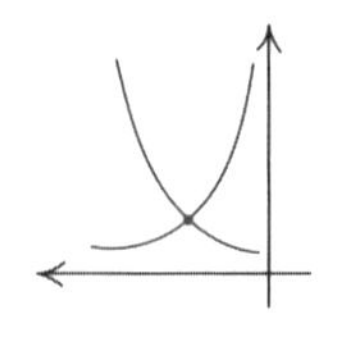

「流淚」的鹹鴨蛋最值錢

「鹹鴨蛋，十塊錢三個，快來買啊！」一個賣鹹鴨蛋的商販喊著。

有位中年婦女走過來，問道：「你這鹹鴨蛋流油嗎？」

「您放心的買吧！我賣的鹹鴨蛋的個個流油，不流油，不要您的錢。」

「那你幫我切一個看看，如果好的話，我就多買幾個。」

賣鹹鴨蛋的樂呵呵地拿了一個，從中間切開，只見黃燦燦的油一滴一滴地往下流。

有時候，剝鹹鴨蛋時會流油。有些小孩子見了都很驚奇，天真地說鹹鴨蛋流眼淚呢。那麼，這到底是怎麼回事呢？蛋裡怎麼會有油？原來蛋類都含有脂肪，這些脂肪99%以上都集中在蛋黃裡。

當鴨蛋放到鹽水裡醃漬以後，由於蛋黃裡脂肪比較集

中，鹽又有一個特殊的本領——使蛋白質凝固，蛋黃裡原有的那些微小的小油滴因鹽的作用，會凝聚在一起，變成大一些的油滴。當鹹鴨蛋放在開水中煮熟以後，蛋白質凝成了塊，凝成了大油滴，剝開一看，整個蛋黃就變得金燦燦，還往外流油。

化學小偵探
醃漬流油的鹹鴨蛋

準備材料：

鹹鴨蛋24個、海鹽（粗鹽）500克、水5公升、高度白酒50克。

製作方法：

1. 把新鮮的鴨蛋洗淨，擦乾，充分晾乾水分，放入乾淨無油的罈罐內。

2. 用一只無油乾淨的鍋，取能夠完全沒過鴨蛋的量的水，燒開，加入粗鹽，一邊加一邊攪和，直到鹽水呈飽和狀態，之後將水晾涼。

3. 等到鹽水完全冷卻後，倒入放好新鮮鴨蛋的罈罐裡，以沒過蛋面為宜。再加入一些白酒。將罈加蓋密封。在罈子上標好醃漬日期，一般存放三十天左右就基本可以吃了。

4. 吃之前，用無油無水的筷子或勺子把鴨蛋取出來放水裡煮熟後就可以吃了。

喝得飄飄欲仙的「醉魚」

一位年輕的媽媽在廚房裡燒飯，三歲的兒子在旁邊好奇地看著。

她做的是紅燒魚，只見她把魚翻炒了幾下，往裡面加了點水，接著拿起丈夫經常喝的二鍋頭又往鍋裡放了些。

「這是什麼意思呢？」天真的兒子看見了，心生疑惑。一字字地問：「媽媽，魚也喝酒嗎？」

媽媽笑了：「是啊，給魚喝點酒，它就不腥了。」

我們知道，媽媽用的是形象的說法，在魚裡放點酒就不會有腥味，是因為魚肉裡有一種特殊的化學物質，叫三甲胺，會散發出一股令人作嘔的腥味。要是滴幾滴白酒，這三甲胺就會溶解在酒中，隨著鍋內溫度地不斷提高，蒸發掉了。所以，吃魚時就不感到腥了。

具體來說，魚中有一種三甲胺的化學物質，腥味極度

濃，在煮魚時加1～2匙紅酒和醋，三甲胺便會溶解在酒醋裡，酒精沸點為38.3℃，易揮發，三甲胺也隨蒸氣一起跑掉。同時，酒和醋在熱鍋裡相遇，反應生成乙酸乙酯香味，使魚味更鮮香。肉類含有一種脂肪滴，有膩人的膻味，在燉煮中加入老酒後，脂肪滴即溶解於酒精中一起蒸發掉，達到去膻的目的，肉味更香美。

化學小偵探
靠「味道」咬你的蚊子

有些人認為蚊子愛叮小孩，是因為小孩的皮膚光滑白嫩。專家認為，蚊子愛叮孩子，主要是孩子向蚊子發出的強烈「信號」，它透過空氣傳播，能夠引導蚊子便捷地找到「食物」。

這是因為人體血液中的氨基酸和乳酸結合，生成一種複合氨基酸混合體，這種物質與汗液略帶甜味的胺結合，可生成三甲胺，這種三甲胺的氣味有強烈的誘蚊作用。

溫度上升，人體的毛細血管擴張，三甲胺的生成也增多。孩子一般比較好動，代謝旺盛，身體的三甲胺含量更高，引來蚊子叮咬的可能性也就高。

讓柿子向「澀」說拜拜

「這柿子太澀了，太難吃了！」

「把他放進冷石灰水就好了！

「真的假的？」

「當然是真的了。」

這是真的，下面我們來講一個故事，你就知道怎麼回事了。

有一群大學生到農村某風景區旅遊，有些生長在城市裡的大學生，對農村的一切都感到新奇。

這天玩累了，他們一群人回到預訂的農家小院。有一個城市裡來的大學生看到農家院的角落裡放了幾個大缸，也不顧上累，就去看大缸裡裝的什麼東西，掀開蓋，嘿，好多青柿子，泡在冷石灰漿裡，看看別的缸都是青柿子。

這是什麼意思呢？為什麼要把青柿子放在石灰水裡呢？

小院主人來了，解釋了一番，他才明白，柿子放在石灰水裡是為了脫澀，以前在市場上買的青柿子之所以特甜，原來都是脫了澀的啊！

事實上，澀柿子裡有一種叫單寧質的化學物質，會刺激口腔裡的觸覺神經，給人一種「澀」的感覺。澀柿子浸泡在石灰水裡，隔絕空氣，不生蟲子，柿子的果實就會分解出糖分，產生二氧化碳和酒精，化解難以下嚥的澀味，使柿子變得柔軟、清冽、甘甜。

化學小偵探 脫澀的其他妙招

其實，柿子除可以用石灰水脫澀外，還可用下列方法：

塑膠袋密封脫澀法：

即將柿子裝進塑膠袋中，裡面放一兩個蘋果，把口紮緊，2～3天即可脫澀。

刺傷脫澀法：

即在柿蓋（萼片）周圍插入小段乾燥的芝麻稈或牙籤，每個柿子插3～6根（呈圓形），幾天後即可脫澀。

溫水脫澀法：

即將柿果裝入清潔的缸內（忌用鐵器），再注入40～50攝氏度的溫水，或四周用厚草簾包嚴，溫度保持在40攝氏度

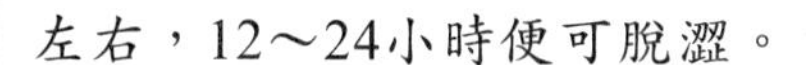

左右，12～24小時便可脫澀。

冷水脫澀法：

即將柿果放入缸或者水桶內，注入涼水淹沒柿果。每隔兩天換一次水，經7天左右便可脫澀。用此法脫澀的柿子比溫水脫澀的柿子脆。

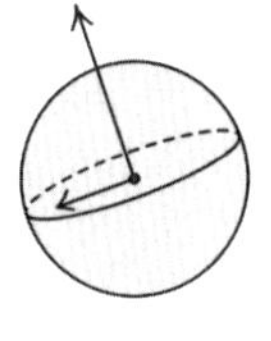

菠菜帶來的禍害

菠菜是一種營養豐富的蔬菜，但食用過多，會引起其他營養物質吸收障礙，進而引起食欲不振，味覺下降，甚至會出現手足抽搐等症狀，你知道這是為什麼嗎？

中國北方某省有一個小山村，家家戶戶種菠菜，自家吃不完的就拿到鄰村去賣。有一年，菠菜長勢非常好，到了豐收的季節，每家都堆滿了菠菜，賣又賣不掉。於是就一天三頓吃菠菜。

這樣的日子過了二、三個月，有一天村子裡出現了一種奇怪的現象：吳二家剛滿二周歲的兒子手腳抽搐，很多小孩也面黃肌瘦。

王老漢食欲不振，味覺下降，起初王老漢以為自己年齡大了，出現這些很正常。直到有一次和一群人下棋時談到這些，才知道，原來很多人都有和他類似的感覺。村民們都很納悶，不知道是怎麼回事。

原來，這都是因長期吃菠菜引起的。經常吃菠菜，會引起體內缺鈣、缺鋅。進而會引起食欲不振，味覺下降，兒童發育不良，甚至出現手足抽搐和軟骨症。

化學小偵探

落戶中國的「波斯草」

菠菜本來是二千多年前，波斯人栽培的菜蔬，所以它有個別名叫做「波斯草」，波斯草傳入中國，是尼泊爾人的功勞。

唐代貞觀二十一年（西元641年），尼泊爾國王那拉提波把菠菜從波斯拿來，作為一件禮物，派使臣送到長安，獻給唐皇，從此菠菜在中國落戶了。當時中國稱菠菜產地為西域菠薐國，這就是它被叫做「菠薐菜」又簡化成今日的「菠菜」的原因。

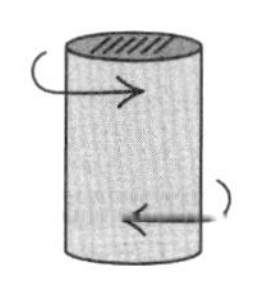

紅燒肉裡的「化學味」

廚房裡，爸爸在做紅燒肉，英英站在一旁當爸爸的小助手。

爸爸請英英拿醬油時，英英問：「為什麼要放醬油呢？」

「為了讓菜的顏色看起來好看。」爸爸答道。

「那為什麼放了醬油就會好看呢？」

爸爸不耐煩了，「哪有那麼多問題啊，行了，妳別在這搗亂了，去旁邊等著吃吧！」英英悻悻然地走開了。

不一會兒，爸爸端上來一盤紅通通誘人的紅燒肉。爸爸說，這是醬油的功勞。

醬油，常都是黑褐色的。醬油這黑褐色，其實是由於人們在製造過程中加入焦糖（又稱糖色）製成的。

最初，焦糖是用蔗糖做原料的：把蔗糖在鹼性的介質中，加熱到190℃，它便分解，變成黑褐色的焦糖。由於蔗糖比較貴，現在，工業上幾乎都是用便宜的麥芽糖來製造焦糖：把麥芽糖倒進鐵鍋，加入10%的氫氧化鈉的溶液，至呈鹼性，再加入少量氯化銨等作催化劑。然後，加熱到120℃～130℃，經7～8小時，即得焦糖。

好的焦糖，應是色澤鮮麗，無臭無味，著色度高，與食鹽相遇，不起混濁；與酸類相遇，又不致退色。劣質的焦糖，則有苦味、澀味。

在製得的生油中加入20%左右的焦糖液，便製成了醬油。醬油中之所以要加入焦糖，變成黑褐色，是為了使色澤更加宜人。如果不加入焦糖，紅燒肉將成為「白燒肉」了。

化學小偵探 醬油生花

在醬油的表面，常常可以看見一朵朵白色的「花」——白浮。這些白浮最初是一個個白色的小圓點，逐漸變大，成了有皺紋的被膜，日子久了，顏色漸漸轉為黃褐色。這一現象，叫做醬油發黴或醬油生花。

產膜性酵母菌是醬油生花的禍首。然而，與外界條件也有關係：氣溫，產膜性酵母菌最適宜的繁殖溫度是30℃左右。

不潔，醬油廠灰塵多或工具不潔，使產膜性酵母菌混進了醬油。醬油成分，醬油含鹽量高，不易生花；含糖量高，

則易生花。

醬油生花，會使醬油變質、變味。為了防止醬油生花，有許多辦法：把醬油加熱或暴曬，進行殺菌；醬油瓶蓋緊蓋子；醬油上倒一滴菜油或麻油，使醬油與空氣隔絕；盛醬油的容器，事先要煮沸過；另外，切忌在醬油中摻入生水。

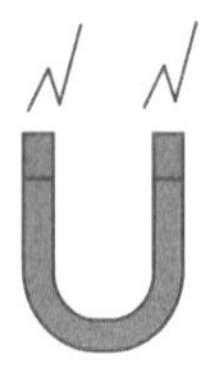

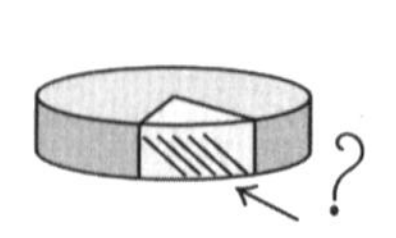

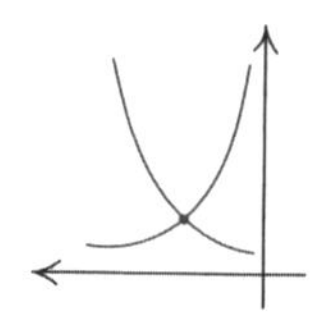

廚房裡的「催淚彈」

軍事上，有煙幕彈、催淚彈，這不足為奇，但廚房裡也有一種「催淚彈」，這就是洋蔥，不信看下面這個故事：

某飯店新來的員工，負責廚房的後勤工作，比如揀菜、洗菜、切菜等。

有一天，一位顧客點了道「洋蔥豬排」，新員工負責準備配料——洋蔥。由於剛接觸這行，不知道切洋蔥時要注意哪些，結果新員工一邊切洋蔥，一邊流眼淚，使自己非常痛苦。不知道怎麼辦才好。

廚師看見了，笑得前俯後仰，告訴新員工切洋蔥時沾點水，就不會這麼刺眼了。

原來，洋蔥的細胞裡有一種特殊的蒜酶，在它的作用下，洋蔥的細胞中產生了一些刺激性氣體，這種化學氣體刺

激了眼部角膜神經末梢，使淚腺禁不住流出淚來。

廚師還教了新員工幾個小竅門，可以避免切洋蔥時掉眼淚：

1. 將洋蔥對半切開後，先泡涼水再切，就不會流淚了。

2. 放微波爐稍微熱一下，皮容易去，切起來也不流淚。

3. 將洋蔥浸入熱水中三分鐘後，再切。

4. 戴著泳鏡切洋蔥。

5. 屏住呼吸切，因為洋蔥的味道是透過鼻子傳到腦神經，才讓眼淚流淚的。

6. 切洋蔥時可以在砧板旁點支蠟蠟燭可以養活洋蔥的刺激氣味，效果不錯。

化學小偵探

勝利的洋蔥

歐洲中世紀兩軍作戰時，一隊隊騎兵高跨在戰馬上，身穿甲胄，手持劍戟，脖子上戴著「項鍊」，這條特殊的項鍊的胸墜卻是一個圓溜溜的洋蔥頭。這是為什麼呢？

他們認為，洋蔥是具有神奇力量的護身符，胸前戴上它，就能免遭劍戟的刺傷和弓箭的射傷，整個隊伍就能保持強大的戰鬥力，最終奪取勝利。

因此，洋蔥是所謂「勝利的洋蔥」。在希臘文中，「洋蔥」一詞還是從「甲胄」衍生出來的呢！古代希臘和羅馬的軍隊，認為洋蔥能激發將士們的勇氣和力量，所以，他們便在伙食裡加進大量的洋蔥。

人們曾在五、六千年以前的埃及陵墓中找到過與死者同時埋進去的洋蔥，石棺槨上的埃及最古老的建築物牆壁上也畫著許多洋蔥的圖案。這說明，洋蔥早就成了人類的食物。

跟你玩捉迷藏的酒

有一個酒鬼在自己配酒的時候，發現酒少了許多，可是屋裡就他一個人，中間也沒有人進來過，他自己也沒有喝，那麼難道是酒長了翅膀飛走了嗎？

在一個偏僻的小鎮，有一個酒鬼，一天三頓都少不了酒。但由於生活拮据，買不起酒，好在祖上以前做酒生意，配酒他也會一點點，於是他就自己配酒喝。

有一次，他配完一種烈性酒後，發現酒好像有些少了。奇怪了，難道是丟了嗎？之後，他非常特別注意放酒的地方，幾天過去了，沒有人來偷酒。然而，酒又比以前少了，這是怎麼回事呢？

於是他準備做一下試驗，他先用量筒量出260毫升95%的酒精，接著又量出240毫升的蒸餾水。當他把這些酒精和蒸餾水混合在一起的時候，發現這些酒不是500毫升，用量筒量了量，呀！是486毫升！為什麼少了14毫升呢？原來在稀釋配製的過程中，酒精悄悄地蒸發了。

酒精稀釋時會產生熱量，一部分酒精就變成蒸氣不知不覺地「溜」到空氣中了，人的肉眼是看不出來的。

化學小偵探
酒的傳說

有一個有趣的傳說——相傳，酒是杜康發明製造的。

有一天，杜康想研製一種可以喝的東西，但總是想不出製作方法，晚上睡覺的時候他做了一個奇怪的夢，夢見一個鶴髮童顏的老翁來到他面前，對他說：「你以水為源，以糧為料，再在糧食泡在水裡第九天的酉時找三個人，每人取一滴血加在其中，即成。」說完老翁就不見了。

杜康醒來就按照老翁說的製作。他在第九天的酉時到路邊尋找三人。第一個人是個書生，第二位是將軍，第三個是乞丐，分別讓三位滴一滴血在桶裡。有了這三滴血，杜康終於製作成了，又因為這飲品裡有三個人的血，又是酉時滴的，就寫作為「酒」吧，怎麼念呢？這是在第九天做成的，就取同音，念酒（九）。這就是關於酒來歷的傳說。

葡萄酒瞬間變成醋酸——都是粉末作的怪

一杯香甜的葡萄酒，到了普通人的手裡就是一杯葡萄酒，但到了化學家的手裡就變得酸溜溜的。

催化劑最早由瑞典化學家貝采里烏斯發現。有一天，瑞典化學家貝采里烏斯在化學實驗室忙碌地進行著實驗，傍晚的時候，他的妻子瑪利亞準備了酒菜宴請親友，祝賀他的生日。

由於時間緊，貝采里烏斯從實驗室裡匆忙趕回家。

一進屋，客人們紛紛舉杯向他祝賀，他顧不上洗手就接過一杯蜜桃酒一飲而盡。當他自己斟滿第二杯酒乾杯時，卻皺起眉頭喊道：「瑪利亞，妳怎麼把醋拿給我喝！」。

瑪麗亞仔細瞧著那瓶子，還倒出一杯來品嘗，一點兒都沒錯，確實是香醇的蜜桃酒啊！

貝采里烏斯隨手把自己倒的那杯酒遞過去，瑪麗亞喝了一口，也說：「甜酒怎麼一下子變成醋酸啦？」

後來貝采里烏斯才發現，原來酒杯裡有少量黑色粉末。這正是他手上沾滿了在實驗室研磨白金時給沾上的鉑黑。

原來，把酒變成醋酸的魔力是來源於白金粉末，是它加快了乙醇（酒精）和空氣中的氧氣發生化學反應，生成丁醋酸。後來，人們把這一作用叫做催化作用。

化學小偵探
催化的歷史進程

古代時，人們就已利用酶釀酒、製醋；中世紀時，煉金術士用硝石作催化劑以硫黃為原料製造硫酸。

1835年，貝采里烏斯首先採用了「催化」這一名詞，並提出催化劑是一種具有「催化力」的外加物質，在這種作用力影響下的反應叫催化反應。這是最早的關於催化反應的理論。

1812年，基爾霍夫發現，如果有酸類存在，蔗糖的水解作用會進行得很快，反之則很緩慢。而在整個水解過程中，酸類並無什麼變化，它好像並不參加反應，只是加速了反應過程。同時，基爾霍夫還觀測到，澱粉在稀硫酸溶液中可以

變化為葡萄糖。

1850年，威廉米透過研究酸在蔗糖水解中的作用規律，第一次成功地分析了化學反應速度的問題，從此開始了對化學動力學的定量研究。

1862年，聖・吉爾和貝特羅發現無機酸作為一種催化劑可以促進兩個反應向任一方向進行的反應速度。

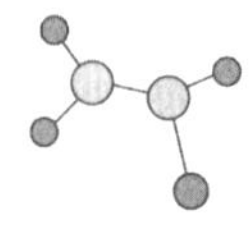

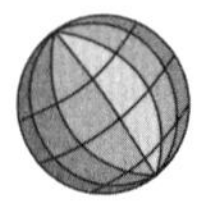

小藥劑師的失誤

我們經常喝的可樂有百事可樂和可口可樂，這是一種令人著迷的飲料，但我們喝的同時，是否想過可樂是怎麼來的呢？是否像李時珍嘗百草那樣嘗出來的？

在美國一個不起眼的小鎮，有一個不起眼的藥店，由於顧客很少，小藥劑師坐在椅子上睡著了。突然一聲：「我要買一瓶『古柯柯拉』（頭痛的藥）。」

睡眼惺忪的小藥劑師，轉身到藥櫃裡取藥，發現老闆配製好的藥水沒有了，只剩下一個空瓶子。

自己配一點吧，反正錯了也不會死人。

於是，他將一瓶類似治頭痛的藥水，配上蘇打水、糖漿，交給了買藥的小男孩。

過了一會兒，小藥劑師剛要接著打盹兒，剛才那個買藥的小男孩又進來了，說還要買剛才那種紅色藥水。

正當他無法收場的時候，老闆回來了。問清了原因之後，老闆才恍然大悟。

老闆是個有心人，既然喜歡喝「深紅色的藥水」，就讓小藥劑師按剛才配製的方法，再配製幾瓶。

老闆是一位頭腦非常活躍的人，他想：如果能研製出一種同類飲料，一定能吸引許多人。於是，他開始了「深紅色飲料」的研製工作。

經過無數次的反覆配比，一個月過後，終於配成了一種味道奇異，而且又非常可口的深紅色飲料。

這就是最早的可樂，老闆把它稱為「古柯柯拉」。

化學小偵探 光棍節的「勇敢者遊戲」

將幾顆「曼陀珠」薄荷味糖扔進可口可樂中，幾秒鐘之後，一根碩大的可樂柱從可樂瓶中噴湧而出，噴完後的可樂瓶中也只剩下了小半瓶可樂。

這項遊戲本是中國2006年11月11日「光棍節」期間的「勇敢者遊戲」，很多人熱衷於比試誰的可樂噴得最高。還有勇敢者同時吃下這兩種食品，看誰吃得多、撐得久，事實上，這種吃法會讓胃部非常難受，甚至會影響到生命的健康，要知道，凡事物極必反。

造成噴泉的原因是「曼陀珠」薄荷糖含有阿拉伯膠，這個成分會讓水分子的表面張力更容易被突破，使可樂以驚人的速度釋放更多的二氧化碳，所以才能噴出那麼高。

另外，薄荷糖含有許多果膠類物質，這類物質的孔隙結構和碳酸發生物理反應，會加速二氧化碳的釋放速度。

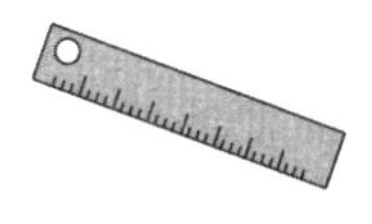

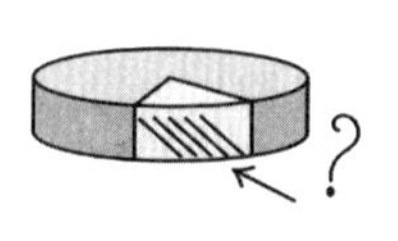

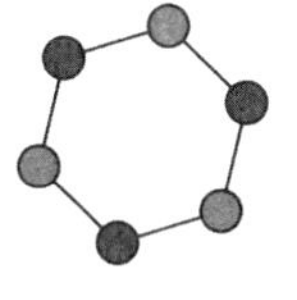

啤酒噴泉——都是二氧化碳與麥芽搞的鬼

在炎熱的夏天，人們經常喝啤酒解渴，打開啤酒瓶蓋時經常看到啤酒向外噴沫，有時還像噴泉一樣噴出來，其實都是二氧化碳或者麥芽在作怪。

家豪家裡來客人了，爸爸忙前忙後。吃午飯時，爸爸要家豪去買兩瓶啤酒。家豪極不情願地去了，一路上邊走邊晃，好像在發洩怨氣。

爸爸接過家豪買回的啤酒，就打開了，誰知「啪」的一聲，啤酒像噴泉一樣湧了出來。家豪看了樂了，怨氣一洩而消，但同時，一個疑惑湧上心頭：啤酒為什麼會噴出來呢？是不是我搖得太厲害了？

其實，啤酒噴沫有兩個原因，一是二氧化碳在作怪，二是與麥芽有關。

一般來說每升啤酒中都含有5克左右的二氧化碳。在製造啤酒時，透過一定壓力把它灌進瓶裡。因此，每瓶啤酒裡都溶解了一定的二氧化碳，而瓶裡是有一定空隙的，打開時，只要輕輕搖晃，氣體就從啤酒液裡形成泡沫溢出來。

最近，國外的一些專家經過近十年觀察研究發現，啤酒的泡沫與麥芽有一定的關係。釀造啤酒的重要原料是大麥芽，而大麥在成長、收割、儲藏期間一般是多雨的季節，大麥一旦受潮，極容易受到各種微生物的污染，使幾十種黴菌得以繁殖，用它來釀造啤酒便產生了一些泡沫。當然，這些黴菌對人體沒有什麼危害，有的還是有益的。

啤酒的其主要生產原料是大麥。啤酒還可以根據酒液中麥芽汁的濃度分低濃度啤酒、中濃度啤酒、高濃度啤酒3種。低濃度啤酒中麥芽汁濃度一般為7~8度，酒精含量在2%（重量計）左右，適合於作夏天清涼飲料；高濃度啤酒麥芽汁濃度達14~20度，酒精含量為4.9%~5.6%。這兩種啤酒生產量較小。目前國際上受消費者歡迎的是中濃度啤酒，一般原麥芽汁濃度為11~12度，酒精含量為3.1%~3.8%左右。

啤酒的成分還有水、酒花、酵母、糖、澄清劑等。啤酒的成分十分複雜，主要是水，在酒精含量為4%的啤酒中，水占90%左右。

此外，啤酒還具有很高的營養價值，含有17種人體所需的氨基酸和12種維生素。啤酒像葡萄酒一樣，是一種原汁酒，它不但含有原料穀物中的營養成分，而且經過糖化、發酵，營養價值還有所增加。據估算，1升普通的啤酒（含3.3%的酒精）能產生大約425大卡的熱量，相當於5~6個雞蛋、500克瘦肉、250克麵包或800毫升牛奶所產生的熱量，因此，啤酒又有「液體麵包」的美稱。

化學小偵探 為什麼啤酒不能用塑膠瓶子裝呢

1. 因為啤酒裡含有酒精等有機成分，而塑膠瓶中的塑膠屬於有機物，這些有機物對人體有害，根據相似相容的原則這些有機物會溶於啤酒中，當人飲用這樣的啤酒時同時將這些有毒的有機質攝入體內，進而對人體造成危害。

2. 裝啤酒的瓶子由於啤酒的特殊性必須要耐壓而且能夠保鮮，所以啤酒瓶子一般是深色的瓶子，而玻璃瓶子比塑膠的瓶子保鮮性能好，又耐壓，所以大多用的都是玻璃的。

▶ 聰明大百科：化學常識有 GO 讚！ （讀品讀者回函卡）

■ 謝謝您購買這本書，請詳細填寫本卡各欄後寄回，我們每月將抽選一百名回函讀者寄出精美禮物，並享有生日當月購書優惠！
想知道更多更即時的消息，請搜尋"永續圖書粉絲團"

■ 您也可以使用傳真或是掃描圖檔寄回公司信箱，謝謝。
傳真電話：（02）8647-3660　　信箱：yungjiuh@ms45.hinet.net

◆ 姓名：＿＿＿＿＿＿＿＿＿＿ □男 □女 □單身 □已婚

◆ 生日：＿＿＿＿＿＿＿＿＿＿ □非會員 □已是會員

◆ E-mail：＿＿＿＿＿＿＿＿＿＿ 電話：(　)＿＿＿＿＿

◆ 地址：＿＿＿＿＿＿＿＿＿＿＿＿＿＿＿＿＿＿＿＿

◆ 學歷：□高中以下 □專科或大學 □研究所以上 □其他＿＿＿＿

◆ 職業：□學生 □資訊 □製造 □行銷 □服務 □金融
□傳播 □公教 □軍警 □自由 □家管 □其他＿＿＿＿

◆ 閱讀嗜好：□兩性 □心理 □勵志 □傳記 □文學 □健康
□財經 □企管 □行銷 □休閒 □小說 □其他

◆ 您平均一年購書：□ 5本以下 □ 6～10本 □ 11～20本
□21～30本以下 □ 30本以上

◆ 購買此書的金額：＿＿＿＿＿＿

◆ 購自：□連鎖書店 □一般書局 □量販店 □超商 □書展
□郵購 □網路訂購 □其他

◆ 您購買此書的原因：□書名 □作者 □內容 □封面
□版面設計 □其他

◆ 建議改進：□內容 □封面 □版面設計 □其他＿＿＿＿

您的建議：

剪下後傳真、掃描或寄回至「22103新北市汐止區大同路三段194號9樓之1讀品文化文

廣 告 回 信
基隆郵局登記證
基隆廣字第 55 號

新北市汐止區大同路三段 194 號 9 樓之 1

讀品文化事業有限公司 收

電話/(02)8647-3663　　傳真/(02)8647-3660

劃撥帳號/18669219　　永續圖書有限公司

請沿此虛線對折免貼郵票或以傳真、掃描方式寄回本公司，謝謝！

讀好書品嚐人生的美味

聰明大百科：化學常識有GO讚！